Planejamento e Controle da Produção para Empresas de Construção Civil

O GEN | Grupo Editorial Nacional – maior plataforma editorial brasileira no segmento científico, técnico e profissional – publica conteúdos nas áreas de ciências exatas, humanas, jurídicas, da saúde e sociais aplicadas, além de prover serviços direcionados à educação continuada e à preparação para concursos.

As editoras que integram o GEN, das mais respeitadas no mercado editorial, construíram catálogos inigualáveis, com obras decisivas para a formação acadêmica e o aperfeiçoamento de várias gerações de profissionais e estudantes, tendo se tornado sinônimo de qualidade e seriedade.

A missão do GEN e dos núcleos de conteúdo que o compõem é prover a melhor informação científica e distribuí-la de maneira flexível e conveniente, a preços justos, gerando benefícios e servindo a autores, docentes, livreiros, funcionários, colaboradores e acionistas.

Nosso comportamento ético incondicional e nossa responsabilidade social e ambiental são reforçados pela natureza educacional de nossa atividade e dão sustentabilidade ao crescimento contínuo e à rentabilidade do grupo.

Planejamento e Controle da Produção para Empresas de Construção Civil

2ª EDIÇÃO

Maurício Moreira e Silva Bernardes
Professor da Universidade Federal do Rio Grande do Sul (UFRGS)
Doutor em Engenharia Civil pela UFRGS

- O autor deste livro e a editora empenharam seus melhores esforços para assegurar que as informações e os procedimentos apresentados no texto estejam em acordo com os padrões aceitos à época da publicação, *e todos os dados foram atualizados pelo autor até a data de fechamento do livro*. Entretanto, tendo em conta a evolução das ciências, as atualizações legislativas, as mudanças regulamentares governamentais e o constante fluxo de novas informações sobre os temas que constam do livro, recomendamos enfaticamente que os leitores consultem sempre outras fontes fidedignas, de modo a se certificarem de que as informações contidas no texto estão corretas e de que não houve alterações nas recomendações ou na legislação regulamentadora.

- Data do fechamento do livro: 10/01/2021

- O autor e a editora se empenharam para citar adequadamente e dar o devido crédito a todos os detentores de direitos autorais de qualquer material utilizado neste livro, dispondo-se a possíveis acertos posteriores caso, inadvertida e involuntariamente, a identificação de algum deles tenha sido omitida.

- **Atendimento ao cliente:** (11) 5080-0751 | faleconosco@grupogen.com.br

- Direitos exclusivos para a língua portuguesa
  Copyright © 2021 by
  LTC | Livros Técnicos e Científicos Editora Ltda.
  Uma editora integrante do GEN | Grupo Editorial Nacional
  Travessa do Ouvidor, 11
  Rio de Janeiro – RJ – 20040-040
  www.grupogen.com.br

- Reservados todos os direitos. É proibida a duplicação ou reprodução deste volume, no todo ou em parte, em quaisquer formas ou por quaisquer meios (eletrônico, mecânico, gravação, fotocópia, distribuição pela Internet ou outros), sem permissão, por escrito, da LTC | Livros Técnicos e Científicos Editora Ltda.

- Capa: Leônidas Leite
- Imagem de capa: © Madmaxer | iStockphoto.com
- Editoração Eletrônica: Edel

- Ficha catalográfica

CIP-BRASIL. CATALOGAÇÃO NA PUBLICAÇÃO
SINDICATO NACIONAL DOS EDITORES DE LIVROS, RJ

B444p
2. ed.

 Bernardes, Maurício Moreira e Silva
 Planejamento e controle da produção para empresas de construção civil / Maurício Moreira e Silva Bernardes. - 2. ed. - Rio de Janeiro : LTC, 2021.
  ; 24 cm.

 Inclui bibliografia e índice
 ISBN 978-85-216-3695-3

 1. Indústria de construção civil - Planejamento. 2. Indústria de construção civil - Administração. 3. Planejamento da produção. 4. Controle de produção. I. Título.

19-61544   CDD: 658.5
           CDU: 658.5

Vanessa Mafra Xavier Salgado - Bibliotecária - CRB-7/6644

Para minha mãe Vanuza, minhas avós Lídia e Angelina
e meu irmão gêmeo Marcos (*in memoriam*).

Apresentação da Segunda Edição

Ao final do ano de 2018, a Editora Carla Nery, da LTC Editora/Grupo GEN, do Rio de Janeiro, entrou em contato comigo com o intuito de verificar a viabilidade de a LTC Editora lançar uma nova edição desta obra. Ela me informou que seria interessante atualizá-la, uma vez que haviam passado 15 anos desde o lançamento da primeira edição. Com essa nova edição, haveria a possibilidade de aprimoramentos e alinhamentos com as tendências atuais de ensino e práticas de mercado.

O livro, em sua primeira edição, foi reimpresso diversas vezes. Em certa ocasião, em um congresso nacional na área da construção civil, conheci um professor de uma universidade do Paraná. Ele, quando ouviu o meu nome, fez a seguinte questão: "Você é o Bernardes, do livro de Planejamento?". O referido professor comentou que utilizava o livro na sua disciplina de graduação e elogiou o tópico sobre a sistemática de planejamento de curto prazo apresentada. Em outra situação, uma engenheira de obras colocou em sua rede social que o meu livro era altamente recomendado. Todas essas manifestações deixam, sem sombra de dúvidas, o autor e a Editora felizes, afinal, algo que projetamos e trabalhamos com tanto afinco está sendo bem utilizado pela academia e pelo mercado.

As várias reimpressões, o contato de Carla Nery e o *feedback* de profissionais do mercado me motivaram a aprimorar o livro. Depois de uma reunião com a equipe editorial da LTC, foi-me sugerida a inserção de exercícios e estudos de caso ao final dos capítulos, de forma a possibilitar que o aluno ou o profissional que estivesse estudando o conteúdo pudesse pôr em prática a teoria e as sugestões de aplicação. Além disso, verifiquei que o conteúdo relativo às técnicas de planejamento de longo prazo estava restrito ao apêndice na primeira edição. Desse modo, resolvi transformá-lo em um capítulo ampliado – o Capítulo 6 – com as técnicas de preparação dos planos apresentadas de forma detalhada.

Não poupamos esforços para aprimorar o conteúdo do livro e inserir elementos que venham auxiliar tanto o professor quanto o aluno, ou ainda, o profissional que busca uma atualização na matéria, na busca da forma mais adequada de se planejar e controlar uma obra.

Assim, não considero esta nova edição como o resultado de um trabalho apenas meu. Ela se constitui no coroamento de sugestões de aprimoramento e amadurecimento, tanto meus, quanto dos alunos, Editora, e dos profissionais que continuam buscando construir seus empreendimentos dentro do plano. Fico feliz que este trabalho conjunto tenha permitido fazer evoluir a nossa obra.

O Autor

Prefácio da Segunda Edição

O livro abrange uma compilação das mais modernas práticas de planejamento e controle da produção, desenvolvidas, em sua maioria, por pesquisadores renomados dos Estados Unidos, e que têm sido aplicadas com relativo sucesso em empresas de construção do Rio Grande do Sul, Paraná, Santa Catarina, São Paulo, Bahia e Ceará.

Diferentemente de grande parte dos livros destinados ao tema, esta obra procura introduzir práticas da Engenharia de Produção na construção civil, bem como utilizar práticas que vêm sendo aplicadas pelo International Group of Lean Construction (IGLC). Com ênfase nos procedimentos necessários para vinculação das práticas propostas pela *lean construction* (construção enxuta) no planejamento da produção, o livro traz discussões interessantes sobre análise de fluxos físicos em canteiro de obras. Essa última questão é normalmente negligenciada nos livros tradicionais de planejamento. Finalmente, um grande diferencial em relação aos demais é que ele apresenta diretrizes de desenvolvimento de sistemas. Com isso, espero tornar a tarefa de desenvolvimento de sistemas de planejamento e controle da produção menos estressante.

O livro tem como público-alvo alunos de cursos de graduação e pós-graduação em Engenharia Civil, Engenharia de Produção, Arquitetura e Design (que trabalhem com sistemas de produção), bem como profissionais que trabalham na execução de obras civis. Nesses cursos, as disciplinas que podem utilizar o livro são as de Planejamento, Programação e Controle de Obras, Gerenciamento de Obras, Planejamento e Controle da Produção, bem como as disciplinas de Construção Civil que contemplem em suas ementas questões relativas ao processo de planejamento e controle da produção.

Espero que este livro seja de grande valia para todos os profissionais, como eu, apaixonados pelo tema. Esses profissionais provavelmente não irão encontrar aqui todas as respostas às suas dúvidas, mas com certeza, após lerem este conteúdo, saberão qual o caminho para a obtenção dessas respostas. Tenho absoluta certeza de que, com isso, o profissional estará participando e contribuindo para a melhoria dos índices de produtividade da indústria da construção civil.

O Autor

Prefácio da Primeira Edição

No penúltimo ano do meu curso de graduação em Engenharia Civil da Universidade Federal de Alagoas (Ufal), deparei-me com disciplinas relacionadas com o Gerenciamento das Construções. Essas disciplinas me fizeram entrar em contato com um tema apaixonante que, percebi mais tarde, era negligenciado por muitos profissionais da área. O tema a que me refiro é o planejamento e controle da produção.

Naquela época, as disciplinas que tinham como um de seus conteúdos o planejamento e controle apresentavam apenas uma técnica de planejamento. O Diagrama de Gantt, mais comumente conhecido como Gráfico de Barras, era a única técnica apresentada. Bastava apenas o estudante saber qual o sequenciamento lógico das atividades e preparar o cronograma da obra.

Meus primeiros estágios em empresas de construção fizeram com que eu descobrisse que aquele cronograma servia muitas vezes para fins de licitação ou, apenas, para fornecer uma ideia geral dos prazos de grandes serviços a serem executados na obra. Em alguns casos, o cronograma era até esquecido por parte dos responsáveis pela execução. Para mim, a não utilização do cronograma ou a sua utilização deficiente era um grande problema. Comecei, então, a estudar detalhadamente o assunto.

Ao finalizar a minha graduação, fiz mestrado (1996) e doutorado (2001) na Escola de Engenharia da Universidade Federal do Rio Grande do Sul (UFRGS). Durante a realização do mestrado, comecei a acreditar que a construção civil, para poder evoluir, necessita de uma melhor organização gerencial por parte dos responsáveis pela execução de obras. Em geral, essa melhor organização não necessita estar vinculada à aquisição de um sistema computacional poderoso ou, ainda, ocorrer por meio da aplicação de uma ou outra técnica de planejamento e controle da produção. Percebo que, ao longo de dez anos de pesquisas e trabalhos realizados em empresas de construção, uma melhor organização gerencial de uma empresa de construção deve começar por passos simples e, por isso, requerer baixo investimento financeiro por parte do profissional interessado.

No penúltimo ano do curso de doutorado (2000), já havia acumulado experiência suficiente na área. Comecei a ser convidado para ministrar cursos e disciplinas de cursos de especialização e mestrado, e sempre fui questionado sobre a possibilidade de escrever um livro sobre o tema. Em dois anos de compilação de dados, consegui apresentar um livro ao meu gosto. Um livro que contempla as principais inovações gerenciais no campo do planejamento e controle da produção para construção civil, por meio de uma linguagem simples, e apresentado de maneira clara e concisa.

O Autor

Material Suplementar

Este livro conta com os seguintes materiais suplementares:

Para todos os leitores:

- Exemplo de Linha de Balanço Real: linha de balanço presente no Capítulo 6 (Figura 6.26) em (.xls) (requer PIN).
- Gabaritos dos Exercícios e Estudos de Caso: gabaritos dos Exercícios e Estudos de Caso presentes nos capítulos da obra em (.pdf) (requer PIN).
- Videoaulas: material para apoio ao estudante com solução detalhada de exercícios e aulas com a temática abordada nos Capítulos 1, 6 e 7 (requer PIN).

Para docentes:

- Ilustrações da obra em formato de apresentação em (.pdf) (restrito a docentes cadastrados).
- Trilha de aprendizagem: 12 planos de aula para apoio ao professor sobre o ensino de Planejamento e Controle da Produção para Empresas de Construção Civil em (.pdf) (restrito a docentes cadastrados).

Os professores terão acesso a todos os materiais relacionados acima (para leitores e restritos a docentes). Basta estarem cadastrados no GEN.

O acesso ao material suplementar é gratuito. Basta que o leitor se cadastre e faça seu *login* em nosso *site* (www.grupogen.com.br), clique no *menu* superior do lado direito e, após, em GEN-IO. Em seguida, clique no menu retrátil ≡ e insira o código (PIN) de acesso localizado na orelha deste livro.

O acesso ao material suplementar online fica disponível até seis meses após a edição do livro ser retirada do mercado.

Caso haja alguma mudança no sistema ou dificuldade de acesso, entre em contato conosco (gendigital@grupogen.com.br).

GEN-IO (GEN | Informação Online) é o ambiente virtual de aprendizagem do GEN | Grupo Editorial Nacional

Agradecimentos

Muitos amigos contribuíram no meu processo de aprendizagem: alguns com ideias, sugestões ou discussões voltadas ao tema, outros com palavras de incentivo e conselhos que não pude deixar de aceitar. Tenho certeza de que, sem esses amigos, este livro não seria publicado.

A toda a equipe da LTC Editora, especialmente ao Prof. Bernardo Severo (*in memoriam*) e à Sra. Rosilene Quinteiro, que coordenaram a editoração e a divulgação da primeira edição do livro, respectivamente. A toda equipe da LTC Editora que trabalhou nesta segunda edição.

Ao professor Carlos Torres Formoso, pela orientação, dedicação e amizade demonstradas durante a realização da minha tese de doutorado. Suas contribuições foram valiosas para minha evolução profissional.

Ao professor Roberaldo Carvalho de Souza, pela amizade demonstrada e por ter aberto meus olhos para a área da pesquisa durante meus três anos no Programa Especial de Treinamento em Engenharia Civil da Universidade Federal de Alagoas (Ufal).

Aos professores Viviane Leão, João Barbirato e Flávio Barbosa de Lima, todos da Ufal, pelos ensinamentos valiosos durante meus primeiros passos na realização de trabalhos de pesquisa em Engenharia Civil.

À professora Carin Schmitt, por ter acreditado no meu trabalho e ter aceitado me orientar durante o estágio de aperfeiçoamento antes do meu ingresso na Universidade Federal do Rio Grande do Sul (UFRGS), repassando informações valiosas sobre os cuidados de se desenvolver um trabalho de pesquisa.

Às empresas de construção de Porto Alegre, Canoas e Santa Maria (RS), por terem aberto suas portas para a realização de minhas experiências e observações.

À psicóloga Rosni Gross, que me fez enxergar que a motivação para a realização de um trabalho não pode ser imposta, e sim partir do próprio funcionário envolvido no sistema.

Aos ex-alunos dos cursos de Engenharia Civil da Universidade Federal do Rio Grande do Sul (UFRGS) e da Universidade Federal de Santa Maria (UFSM), atualmente Engenheiros Civis, Juliano da Cas Sima, Mateus Bastiani Pasa, Sheila Cristina Wendt, Tiago Lippold Radunz e Andréa Formiga, pela ajuda nos estudos de caso nas empresas supracitadas.

Aos amigos Márcio Carvalho, André Reichmann, Luís Fernando Menescal Oliveira, Keller Oliveira e Thaís Alves, participantes do grupo de trabalho da UFRGS que possibilitou parte do desenvolvimento desta obra, pelas excelentes discussões teóricas e práticas realizadas durante o desenvolvimento deste trabalho.

Aos professores e amigos Hélvio e Margaret Jobim, pela amizade e pelo apoio demonstrados para o meu aprimoramento profissional desde que os conheci.

Ao Dr. Elias Oliveira e à Sra. Lúcia Oliveira, amigos especiais, que me acolheram em Santa Maria durante a realização do trabalho.

Ao amigo Henrique Lima, de Fortaleza (CE), cujas excelentes discussões sobre gerenciamento de negócios me motivaram, definitivamente, na finalização desta obra.

Ao amigo Anísio Lessa (*in memoriam*), por ter sido a pessoa mais centrada que conheci. Nossas conversas me ensinaram a enxergar os problemas encontrados no meu trabalho de uma forma mais amena.

Aos amigos Noé Simplício do Nascimento Filho e Valmir de Albuquerque Pedrosa, exemplos de profissionais a serem seguidos.

Ao meu pai Filemon Dionísio Bernardes, às minhas irmãs Célia Maria Silva Bernardes e Rosa Lúcia Silva Bernardes e aos meus sobrinhos Luiz Arthur, Gabriel e Luisa.

À minha esposa Geísa pela compreensão e amor.

A Deus, por ter me dado a oportunidade de evoluir.

O Autor

Sumário

CAPÍTULO 1 INTRODUÇÃO, 1
1.1 *Lean construction*, 3
1.2 Definição de modelo e sistema de planejamento, 5
Estudo de caso, 6

CAPÍTULO 2 PROCESSO DE PLANEJAMENTO E CONTROLE DA PRODUÇÃO, 7
2.1 Introdução, 7
2.2 Conceitos básicos relacionados com a *lean construction*, 7
2.3 Planejamento e controle da produção, 9
    2.3.1 Definição, 9
2.4 Dimensão horizontal, 10
    2.4.1 Preparação do processo de planejamento, 12
    2.4.2 Coleta de informações, 13
    2.4.3 Preparação dos planos, 13
    2.4.4 Difusão de informações, 15
    2.4.5 Ação, 16
    2.4.6 Avaliação do processo de planejamento, 16
2.5 Dimensão vertical, 17
    2.5.1 Planejamento de longo prazo, 18
    2.5.2 Planejamento de médio prazo, 19
    2.5.3 Planejamento de curto prazo, 21
    2.5.4 Programação de recursos, 22
2.6 A responsabilidade pelo desenvolvimento do planejamento, 23
2.7 Princípios da *lean construction*, 24
    2.7.1 Redução da parcela de atividades que não agregam valor, 24
    2.7.2 Aumentar o valor do produto por meio de uma consideração sistemática dos requisitos do cliente, 25
    2.7.3 Redução da variabilidade, 25
    2.7.4 Redução do tempo de ciclo, 26
    2.7.5 Simplificação pela minimização do número de passos e partes, 27
    2.7.6 Aumento da flexibilidade na execução do produto, 27
    2.7.7 Aumento de transparência, 28

xvi Sumário

      2.7.8 Foco no controle de todo o processo, 29

      2.7.9 Estabelecimento de melhoria contínua ao processo, 29

      2.7.10 Balanceamento da melhoria dos fluxos com a melhoria das conversões, 29

      2.7.11 *Benchmarking*, 30

  2.8 Resumo do capítulo, 30

Exercício, 31

CAPÍTULO 3 ANÁLISE E IMPLEMENTAÇÃO DE SISTEMAS DE INFORMAÇÃO, 33

3.1 Introdução, 33

3.2 A análise de sistemas, 34

3.3 Métodos de análise de sistemas, 35

3.4 Alguns tipos de dados que podem ser coletados durante a análise de sistemas, 37

3.5 Análise do fluxo de informações, 37

3.6 Técnicas de coleta de dados para a modelagem de sistemas, 38

      3.6.1 Entrevista, 38

      3.6.2 Questionário, 39

      3.6.3 Observação, 39

      3.6.4 Análise de documentos, 40

3.7 Técnicas de diagramação, 40

      3.7.1 Diagrama de fluxo de dados (DFD): ferramenta para modelagem do fluxo de informações, 41

      3.7.2 Dicionário de dados: especificação do DFD, 43

3.8 Principais causas de falhas na implementação de sistemas de informação, 44

      3.8.1 Participação e envolvimento do usuário no processo de desenvolvimento e implementação de sistemas, 46

      3.8.2 Percepção do usuário sobre o processo de implementação, 48

3.9 Resumo do capítulo, 51

Exercícios, 51

CAPÍTULO 4 CARACTERIZAÇÃO DE SISTEMAS DE PLANEJAMENTO E CONTROLE DA PRODUÇÃO DE EMPRESAS DE CONSTRUÇÃO, 52

4.1 Introdução, 52

4.2 Caracterização dos sistemas de planejamento e controle da produção de empresas de construção, 52

      4.2.1 Elaboração do plano de longo prazo, 53

      4.2.2 Elaboração do plano de curto prazo, 57

4.3 Deficiências constatadas nos sistemas de planejamento e controle da produção de empresas de construção, 59

      4.3.1 Dificuldade para organizar o próprio tempo de trabalho, 59

      4.3.2 Ausência de integração vertical do planejamento, 59

Sumário **xvii**

4.3.3 Inexistência de um plano de médio prazo, 60

4.3.4 Falta de formalização e sistematização na elaboração do plano de curto prazo, 60

4.3.5 Desconsideração da disponibilidade financeira na fixação das metas, 61

4.3.6 Estabelecimento de metas impossíveis de serem atingidas, 61

4.3.7 Falta de envolvimento do mestre na preparação dos planos de curto prazo, 61

4.3.8 Controle informal, 62

4.3.9 Programação de recursos realizada fora do período adequado ou em caráter emergencial, 62

4.4 Ações necessárias para a melhoria dos sistemas de planejamento e controle da produção de empresas de construção, 63

4.4.1 Melhorar a organização do tempo de trabalho, 63

4.4.2 Estabelecer padrões de segmentação da obra que auxiliem na coerência entre os níveis de planejamento, 63

4.4.3 Implementar um plano de médio prazo, 63

4.4.4 Implementar uma técnica de preparação do plano de curto prazo, 64

4.4.5 Verificar a disponibilidade financeira antes da preparação dos planos, 64

4.4.6 Considerar as reais necessidades do sistema produtivo, 64

4.4.7 Envolver o mestre na preparação do plano de curto prazo, 64

4.4.8 Implementar um sistema de indicadores para o controle do planejamento e da produção, 65

4.4.9 Reformulação do sistema de programação de recursos, 65

4.5 Resumo do capítulo, 65

Estudo de caso, 65

O caso da empresa fictícia A, 66

CAPÍTULO 5   MODELO DE PLANEJAMENTO E CONTROLE DA PRODUÇÃO PARA EMPRESAS DE CONSTRUÇÃO, 67

5.1 Introdução, 67

5.2 Modelo de planejamento e controle da produção para empresas de construção, 67

5.2.1 Preparação do processo de planejamento e controle da produção, 69

5.2.2 Planejamento de longo prazo, 71

5.2.3 Planejamento de médio prazo, 73

5.2.4 Planejamento de curto prazo, 76

5.2.5 Avaliação do processo de planejamento e controle da produção, 78

5.3 Resumo do capítulo, 79

Exercício, 79

CAPÍTULO 6   TÉCNICAS DE PREPARAÇÃO DOS PLANOS, 81

6.1 Introdução, 81

6.2 Método e técnica de redes, 81

6.2.1 Método do caminho crítico – CPM, 83

6.2.2 Técnica de revisão e avaliação de programas – PERT, 90

xviii Sumário

6.3 Linha de balanço, 92

    6.3.1 Preparação de uma linha de balanço, 96

    6.3.2 Como mostrar atividades não repetitivas na linha de balanço, 107

6.4 Diagrama de Gantt, 108

6.5 Resumo do capítulo, 108

Exercícios, 109

CAPÍTULO 7 DIRETRIZES PARA O DESENVOLVIMENTO DE SISTEMAS DE PLANEJAMENTO E CONTROLE DA PRODUÇÃO, 112

7.1 Introdução, 112

7.2 Diretrizes sobre o processo de implementação, 112

    7.2.1 Estabelecer uma equipe de desenvolvimento e implementação, 112

    7.2.2 Utilizar um plano de implementação do sistema de PCP, 113

    7.2.3 Estabelecer um programa de treinamento, 114

    7.2.4 Auxiliar os funcionários no gerenciamento do tempo necessário à implementação da mudança, 116

    7.2.5 Estabelecer alternativas de participação e de envolvimento, 116

    7.2.6 Utilizar tecnologia da informação para minimizar o tempo de preparação dos planos, 117

    7.2.7 Utilizar o sistema de indicadores do PCP para avaliação do processo de implementação, 117

    7.2.8 Considerar os problemas externos na proteção da produção, 118

    7.2.9 Analisar os dados preliminares, 118

7.3 Resumo do capítulo, 119

Estudo de caso, 119

CAPÍTULO 8 O CASO DE UMA EMPRESA DIRIGIDA À CONSTRUÇÃO DE EDIFÍCIOS RESIDENCIAIS, 120

8.1 Introdução, 120

8.2 A empresa estudada, 120

8.3 O sistema de planejamento e controle utilizado pela Empresa A, 121

8.4 Diagnóstico do sistema de planejamento e controle da produção utilizado, 123

8.5 Algumas características de edifícios residenciais, 124

8.6 O novo sistema de planejamento e controle da produção da Empresa A, 125

8.7 O processo de implementação do novo sistema, 131

8.8 Conferindo maior visibilidade ao controle da obra, 136

8.9 Pontos a serem observados por empresas similares, 140

8.10 Resumo do capítulo, 141

Trabalho em grupo, 141

CAPÍTULO 9 O CASO DE UMA EMPRESA ORIENTADA PARA A CONSTRUÇÃO DE EDIFÍCIOS INDUSTRIAIS E HOSPITALARES, 142

9.1 Introdução, 142

9.2 A empresa estudada, 142

9.3 O sistema de planejamento e controle utilizado pela Empresa B, 143

9.4 Diagnóstico do sistema de planejamento e controle da produção da Empresa B, 144

9.5 Algumas características de edifícios industriais e hospitalares, 144

9.6 O novo sistema de planejamento e controle da produção da Empresa B, 146

9.7 O processo de implementação do novo sistema, 151

9.8 Conferindo maior visibilidade ao controle da obra, 154

9.9 Resumo do capítulo, 159

Trabalho em grupo, 160

CAPÍTULO 10 FATORES CRÍTICOS PARA O SUCESSO DE SISTEMAS DE PLANEJAMENTO E CONTROLE DA PRODUÇÃO, 161

10.1 Vínculo com a estratégia de produção, 161

10.2 Técnicas de preparação dos planos, 162

10.3 Plano consolidado, 162

10.4 Fluxo de caixa, 163

10.5 Equipes polivalentes, 163

10.6 Consideração de pequenos itens críticos, 163

10.7 Planejamento de transferências de recursos, 164

10.8 Estudos-piloto dos processos gerenciais e produtivos (*first run studies*), 164

10.9 Análise de restrições, 165

10.10 Requisitos de qualidade do plano operacional, 165

10.11 Resumo do capítulo, 166

Exercício, 166

CAPÍTULO 11 SISTEMÁTICA DE AVALIAÇÃO DE SISTEMAS DE PLANEJAMENTO E CONTROLE DA PRODUÇÃO DE EMPRESAS DE CONSTRUÇÃO, 168

11.1 Introdução, 168

11.2 Práticas associadas ao processo de planejamento e controle da produção, 169

    11.2.1 Padronização do PCP, 169

    11.2.2 Hierarquização do planejamento, 169

    11.2.3 Análise e avaliação qualitativa dos processos, 170

    11.2.4 Análise dos fluxos físicos, 170

    11.2.5 Análise de restrições, 171

    11.2.6 Utilização de dispositivos visuais, 171

xx Sumário

11.2.7 Formalização do planejamento de curto prazo, 172
11.2.8 Especificação detalhada das tarefas, 172
11.2.9 Programação de tarefas reservas, 172
11.2.10 Tomada de decisão participativa, 172
11.2.11 Utilização do PPC e identificação das causas dos problemas, 173
11.2.12 Utilização de sistemas de indicadores de desempenho, 173
11.2.13 Realização de ações corretivas a partir das causas dos problemas, 174
11.2.14 Realização de reuniões para a difusão de informações, 174
11.3 Critérios para análise da aplicação das práticas, 174
11.4 Exemplo de aplicação da sistemática de avaliação de sistemas de planejamento e controle da produção, 176
11.4.1 O caso de uma empresa de construção de Porto Alegre (RS), 176
11.5 Análise do desempenho geral de sistemas de planejamento e controle da produção em empresas de construção, 180
11.6 Resumo do capítulo, 182
Trabalho em grupo, 183

GLOSSÁRIO, 184

BIBLIOGRAFIA CONSULTADA, 188

ANEXO 1 **SISTEMA DE INDICADORES DE PLANEJAMENTO E CONTROLE DA PRODUÇÃO (OLIVEIRA, 1999), 195**

ANEXO 2 **EXEMPLO DE RELATÓRIO DE CONTROLE, 200**

ÍNDICE ALFABÉTICO, 207

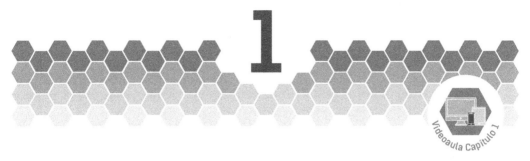

Introdução

Nos últimos anos, as flutuações da economia e a conscientização crescente do consumidor para os problemas do custo elevado e da não qualidade dos produtos têm dirigido a atenção dos empresários da construção civil para o planejamento e o controle da produção (LIMMER, 1997). As atuações nessa última área vêm exigindo mudanças estruturais e de comportamento, tanto nos processos de produção como nos procedimentos administrativos e gerenciais, como modo de se alcançar soluções para modernizar processos, melhorar a qualidade e reduzir o preço dos produtos (ASSUMPÇÃO, 1996; TRIGUNARSYAH; ABIDIN, 1997).

Nesse contexto, o setor da construção civil tem procurado adaptar conceitos, técnicas e métodos desenvolvidos para ambientes de produção industrial que, em geral, são implementados por meio de procedimentos administrativos e também de sistemas de planejamento e controle da produção. Entretanto, os sistemas desenvolvidos para o ambiente industrial nem sempre conseguem adaptar-se às situações de produção que ocorrem na construção civil, fazendo com que se acabem gerando sistemas inadequados e de baixa eficiência (ASSUMPÇÃO, 1996). Em geral, essa ineficiência ocorre porque os princípios desenvolvidos na produção industrial não foram suficientemente abstraídos e aplicados de acordo com as peculiaridades intrínsecas do ambiente da construção civil (KOSKELA, 1992).

Mesmo diante desses problemas, verifica-se que o planejamento e o controle da produção cumprem um papel fundamental para que seja alcançado êxito na coordenação entre as várias entidades participantes de um empreendimento (LAUFER e TUCKER 1987; SINK e TUTTLE, 1993). Segundo Laufer (1990), o planejamento é necessário em função de diversos motivos:

a   facilitar a compreensão dos objetivos do empreendimento, aumentando, assim, a probabilidade de atendê-los;
b   definir todos os trabalhos exigidos para habilitar cada participante do empreendimento a identificar e planejar a sua parcela de trabalho;
c   desenvolver uma referência básica para processos de orçamento e programação;

2 Capítulo 1

d disponibilizar uma melhor coordenação e integração vertical e horizontal (multifuncional), além de produzir informações para a tomada de decisão mais consistente;

e evitar decisões errôneas para projetos futuros, por meio da análise do impacto das decisões atuais;

f melhorar o desempenho da produção por meio da consideração e da análise de processos alternativos;

g aumentar a velocidade de resposta para mudanças futuras;

h fornecer padrões para monitorar, revisar e controlar a execução do empreendimento;

i explorar a experiência acumulada da gerência obtida com os empreendimentos executados em um processo de aprendizado sistemático.

Todavia, o planejamento tem se resumido, em geral, à produção de orçamentos, de programações e de outros documentos referentes às etapas a serem seguidas durante a execução do empreendimento (BALLARD; HOWELL, 1997a). Isso se deve, em parte, ao fato de que, na indústria da construção, o termo planejamento é, em geral, interpretado como o resultado da geração de planos, denominado por programação ou cronograma geral da obra.

Como consequência, deficiências no planejamento têm sido apontadas como causa do baixo desempenho de empreendimentos de construção (LIRA, 1996). Diversos autores, inclusive, apontam as causas principais da ineficácia do planejamento:

a o planejamento da produção normalmente não é encarado como processo gerencial, mas como o resultado da aplicação de uma ou mais técnicas de preparação de planos e que, em geral, utilizam informações pouco consistentes ou baseadas somente na experiência e intuição de gerentes (LAUFER; TUCKER, 1987);

b o controle não é realizado de maneira proativa e, geralmente, é baseado na troca de informações verbais do engenheiro com o mestre de obras, visando a um curto prazo de execução e sem vínculo com o plano de longo prazo, resultando, muitas vezes, na utilização ineficiente de recursos (FORMOSO, 1991);

c o planejamento e o controle da produção em outras indústrias são focados, em geral, em unidades de produção, diferentemente da indústria de construção, na qual eles estão dirigidos ao controle do empreendimento (BALLARD; HOWELL, 1997a). O controle direcionado para o empreendimento busca acompanhar apenas o desempenho global e o cumprimento de contratos, não se preocupando com as análises específicas de cada unidade produtiva. Como efeito, tornam-se difíceis a identificação de problemas no sistema de produção e a definição de ações corretivas (BALLARD; HOWELL, 1997a);

d a incerteza, inerente ao processo de construção, é frequentemente negligenciada, não sendo realizadas ações no sentido de reduzi-la ou de eliminar seus efeitos nocivos (COHENCA et al., 1989). Isso pode ser evidenciado, principalmente, em situações nas quais os planos de longo prazo são muito detalhados. Nesses planos, a não consideração da incerteza e o excessivo detalhamento podem resultar em constantes atualizações (LAUFER; TUCKER, 1988);

e com frequência, existem falhas na implementação de sistemas computacionais para planejamento, por vezes adquiridos e inseridos em um ambiente organizacional, sem antes haver a identificação das necessidades de informações de seus usuários (LAUFER; TUCKER, 1987). Em geral, sem essa identificação, os sistemas produzem um grande número de dados irrelevantes ou desnecessários (LAUFER; TUCKER, 1987), que normalmente indicam apenas desvios das metas planejadas em relação às executadas e não as causas que provocaram tais desvios (SANVIDO; PAULSON, 1992). Além disso, tais sistemas são implantados geralmente de forma isolada nas empresas de construção, sem haver uma preocupação em estabelecer de início uma integração entre eles (BERNARDES, 1996). Mesmo após a implementação, eles carecem de um programa de treinamento sistemático (TURNER, 1993);

f existem dificuldades de se mudar as práticas profissionais dos funcionários envolvidos com o planejamento, principalmente em razão da formação que eles obtêm nos cursos de graduação (LAUFER e TUCKER, 1987; OGLESBY *et al.*, 1989). Em geral, esses cursos focalizam apenas técnicas de preparação de planos, negligenciando as demais etapas do processo, como a coleta de informações e a difusão dos planos, por exemplo (LAUFER; TUCKER, 1987). Além disso, parte desses funcionários obtém normalmente experiência prática em estágios em empresas de construção, por meio do acompanhamento das atividades das equipes de produção. Em geral, nessas empresas é comum encontrar profissionais que assumem a postura de tomar decisões rapidamente, tendo por base apenas suas experiências e intuições, sem desenvolver um planejamento adequado, contribuindo para o estabelecimento do perfil de tocador de obras (FORMOSO *et al.*, 1999).

Em suma, percebe-se que o processo de planejamento e controle da produção é extremamente importante para o desempenho da empresa de construção e que, em geral, ele não é conduzido de modo a explorar todas as suas potencialidades.

1.1 *Lean construction*

Desde o final da década de 1970, muitos setores industriais experimentaram profundas modificações na organização de suas atividades produtivas, estabelecendo um novo paradigma de gestão da produção (FORMOSO, 2000). Muitas dessas modificações propostas no novo paradigma surgiram, inicialmente, na indústria automobilística japonesa, sendo a sua mais importante aplicação o Sistema Toyota de Produção (FORMOSO, 2000).

Embora certo número de expressões tenha sido relacionado com o novo paradigma, como, por exemplo, *just in time*, Gestão da Qualidade Total – TQM e Reengenharia, entre outros, as abordagens a que elas se referem normalmente se sobrepõem (SANTOS, 1999). Uma das denominações que ficou muito conhecida no meio acadêmico e profissional é "produção enxuta" (*lean production*) apresentada por Womack *et al.* (1992) em seu livro *A Máquina que Mudou o Mundo* e cuja definição pode contribuir para o entendimento do conjunto de conceitos e princípios relacionados com o novo paradigma.

4 Capítulo 1

Womack *et al.* (1992) assim definem a produção enxuta:

> A produção enxuta é 'enxuta' por utilizar menores quantidades de tudo em comparação com a produção em massa: metade do esforço dos operários na fábrica, metade do espaço para fabricação, metade do investimento em ferramentas, metade das horas de planejamento para desenvolver novos produtos em metade do tempo. Requer também menos da metade dos estoques atuais no local de fabricação, além de resultar em bem menos defeitos e produzir uma maior e sempre crescente variedade de produtos. (WOMACK *et al.*, 1992, p. 3)

Um dos focos principais da produção enxuta é eliminar qualquer tipo de trabalho que seja considerado desnecessário na produção de determinado bem ou serviço, o qual, por esse motivo, é denominado perda. De maneira similar, Antunes Júnior (1999) define perda como qualquer elemento (atividade ou não atividade) que gera custos, mas que não agrega ou adiciona valor ao produto/serviço. Desse modo, qualquer forma de melhoria existente no ambiente produtivo deve ser focalizada na identificação dessas perdas, mediante a análise das causas que produzem desperdício e a realização de ações para reduzir ou eliminar essas causas (SERPELL *et al.*, 1996).

Não existe consenso na literatura de que a produção enxuta descreva amplamente o novo paradigma de gestão da produção (FORMOSO, 2000). Segundo Bartezzaghi (1999), isso pode ser explicado porque o novo paradigma leva em consideração diferentes modelos e práticas de produção de diversos setores, países e empresas. Esses modelos e práticas têm contribuído, inclusive, para o desenvolvimento de trabalhos destinados à consolidação de uma teoria de gestão da produção que descreva o novo paradigma. Assim, a produção enxuta pode ser considerada um desses modelos, não devendo ser confundida, portanto, com o próprio paradigma de gestão da produção.

Várias pesquisas e trabalhos têm sido realizados em diferentes setores visando à aplicação do novo paradigma de gestão da produção (FORMOSO, 2000). Notadamente, destacam-se, nesse caso, os trabalhos de um grupo internacional de pesquisadores estabelecido para estudar a aplicação desse novo paradigma ao setor da construção civil, denominado The International Group for Lean Construction (HOWELL, 1999).

Desse modo, a *lean construction* é uma filosofia de produção para a construção civil, originária dos esforços desse grupo internacional de pesquisadores para aplicar os conceitos, os princípios e as práticas do novo paradigma de gestão da produção na construção civil. Esses conceitos, princípios e práticas foram inicialmente propostos por Koskela (1992), baseados na discussão do trabalho de diversos pesquisadores da área de gerenciamento da produção e da construção civil.

Embora as inovações propostas pela *lean construction* sejam pouco conhecidas na indústria da construção, algumas empresas desse setor já começaram a aplicar seus princípios, atingindo, com isso, melhorias significativas em seus índices de desempenho (ALARCÓN, 1997; TOMMELEIN, 1998). Esses resultados positivos tornam possível pressupor que o desenvolvimento de trabalhos que contribuam para consolidação dos conceitos e princípios da *lean construction* pode auxiliar na melhoria do setor da construção civil como um todo.

Nesse sentido, o desenvolvimento de um trabalho que contemple a maneira pela qual se possa desenvolver e implementar sistemas de planejamento e controle da produção em microempresas e em pequenas empresas de construção, utilizando conceitos e princípios da *lean construction*, é essencial para a redução do desperdício existente na indústria da construção. É nesse contexto que se procurou inserir este livro.

1.2 Definição de modelo e sistema de planejamento

Para a definição de sistema, existe uma similaridade na literatura quanto ao seu conceito. Essa semelhança nas definições já havia sido detectada por Churchman (1968). Campbell (1977) define sistema como qualquer grupo de componentes ou partes que funcionam conjuntamente para atingirem determinado objetivo. Miles (1973)[1], citado por Bonin (1987), refere-se a sistema como um conjunto de conceitos e/ou elementos usados para satisfazer uma necessidade ou requisito. Segundo Bio (1988), sistema é "um conjunto de elementos interdependentes, ou um todo organizado, ou partes que interagem formando um todo unitário e complexo". No presente trabalho, considera-se sistema um conjunto de componentes independentes e inter-relacionados visando a alcançar determinada meta (BERTALANFFY, 1977).

Por sua vez, modelo é a representação abstrata e simplificada de um sistema real, com a qual se pode explicar e testar o comportamento desse último, em seu todo ou em partes (OLIVEIRA, 1992).

O desenvolvimento de modelos de planejamento e controle da produção, focalizando procedimentos para a implementação deles, constitui-se, assim, um passo crucial para a sua compreensão e melhoria do desempenho de sistemas de PCP (KARTAM *et al.*, 1995). Esses modelos podem ser considerados, inclusive, como uma primeira etapa para uma possível automação[2] da empresa construtora (KARTAM *et al.*, 1995).

Neste livro, modelo de planejamento é definido como uma descrição abstrata da forma pela qual o processo de planejamento deve ser realizado, por meio da sua apresentação nos níveis de planejamento de longo, médio e curto prazos. A definição de modelo explicita, ainda, as entidades da empresa responsáveis pela tomada de decisão em cada nível supracitado, como também as informações a serem utilizadas e os fatores principais a serem considerados durante a implementação do modelo.

Segundo a definição apresentada, a forma pela qual o sistema deve operar deve estar preconizada, em linhas gerais, na descrição de modelos de planejamento. Assim, considera-se

---

[1] MILES Jr., Introduction. In: *Systems Concepts*: lectures on contemporary approaches to systems. New York: John Wiley, 1973.

[2] Os conceitos de automação podem ser entendidos de duas formas. A primeira considera o termo como sinônimo da aplicação de programas computacionais que servem de apoio às atividades administrativas. Esses são os casos dos editores de texto e planilhas eletrônicas que pertenciam a um grupo de sistemas denominados OAS (*Office Automation System*). Esses sistemas podem ser descritos de forma mais detalhada em Alter (1996). A segunda refere-se à aplicação de mecanismos automatizados que auxiliam o processo construtivo ou de manutenção. Essa última forma é descrita detalhadamente por Miyatake e Kangari (1993). Embora o termo automação tenha sido criado no momento do surgimento dos sistemas mencionados inicialmente, percebe-se que sua notação fica mais bem empregada na segunda aplicação.

6 Capítulo 1

sistema a denominação dada à implementação de determinado modelo em uma empresa de construção.

Os benefícios de um modelo de planejamento e controle da produção são:

a   estabelecer um referencial teórico para discussões entre pesquisadores ligados à área de planejamento e controle da produção, contribuindo, assim, para o desenvolvimento dessa área de conhecimento;

b   orientar empresas para o desenvolvimento de seus sistemas de planejamento e controle da produção;

c   estabelecer uma visão clara de como o planejamento pode ser hierarquizado entre diferentes níveis gerenciais;

d   definir o papel das entidades que devem participar do processo de planejamento e controle da produção;

e   facilitar a identificação de fatores que contribuam para um processo de implementação bem-sucedido.

Estudo de caso

Analise um tipo de serviço de obra sobre a ótica do modelo de processo de construção enxuta de Koskela (Fig. 2.2). Liste operações desses serviços que são de movimentação, espera, processamento e inspeção. Os serviços podem ser: elevação da alvenaria de pavimento-tipo, assentamento de piso cerâmico, montagem de formas de vigas e lajes no andar-tipo, concretagem da laje, pintura primeira demão de pavimento-tipo, colocação de azulejos na cozinha. Depois de identificadas essas operações, identifique, com sua equipe, meios de reduzir o tempo de execução dessas operações.

Processo de Planejamento e Controle da Produção

2.1 Introdução

Este capítulo tem por objetivo a apresentação do processo de planejamento e controle da produção (PCP). Inicia-se com a apresentação de alguns conceitos básicos relacionados com a *lean construction*. Em seguida, discute-se o processo de planejamento e controle da produção, a partir de suas dimensões horizontal e vertical, e aborda-se a questão da sua coordenação. Por fim, são realizadas algumas considerações sobre os princípios da *lean construction* e como os mesmos estão vinculados ao processo de PCP.

2.2 Conceitos básicos relacionados com a *lean construction*

A *lean construction* traz como mudança conceitual mais importante para a construção civil a introdução de uma nova forma de se entender os processos produtivos (KOSKELA, 1992). Esses conceitos referem-se, essencialmente, à maneira pela qual processo e operações são definidos.

Na visão tradicional, processo de produção consiste em atividades de conversão de matérias-primas (*inputs*) em produtos (*outputs*), constituindo o chamado modelo de conversão (KOSKELA, 1992). De acordo com esse modelo, o processo de conversão pode ser dividido em subprocessos, que são considerados também atividades de conversão (Fig. 2.1). Por sua vez, a menor unidade de uma divisão hierárquica de um processo, no paradigma tradicional, é denominada operação (SHINGO, 1996).

Uma outra característica do modelo de conversão é que os custos do processo global podem ser minimizados por meio da redução dos custos dos subprocessos a ele associados (KOSKELA, 1992). Esse autor salienta, ainda, que o valor de um subprocesso está associado ao custo (ou valor) de sua matéria-prima.

O modelo de conversão é adotado, normalmente, nos processos de elaboração de orçamentos convencionais e de planos da obra, na medida em que são representadas, nesses

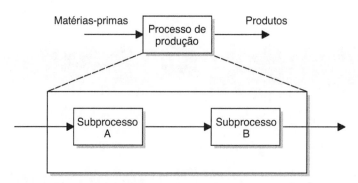

Figura 2.1 Modelo tradicional de processo. Fonte: Adaptada de Koskela, 1992.

documentos, apenas atividades de conversão, sendo, assim, explicitadas unicamente as atividades que agregam valor ao produto (Koskela, 1992). Ainda segundo esse autor, as principais deficiências desse tipo de modelo são:

a   os fluxos físicos[1] entre as atividades não são considerados, sendo a maior parte dos custos oriunda desses fluxos;
b   o controle da produção tende a ser concentrado nos subprocessos individuais em detrimento do processo global, tendo um impacto relativamente limitado na eficiência global;
c   a não consideração dos requisitos dos clientes pode resultar em produtos inadequados ao mercado, visto que, por meio do modelo de conversão, admite-se que o valor de um produto pode ser melhorado somente mediante a utilização de insumos de melhor qualidade.

Em contraponto, na *lean construction* considera-se que o ambiente produtivo é composto por atividades de conversão e de fluxo (Koskela, 1992). Embora sejam as primeiras que agreguem valor ao processo, o gerenciamento das atividades de fluxo constitui uma etapa essencial na busca do aumento dos índices de desempenho dos processos produtivos (Koskela, 1992). Essas últimas podem ocorrer, ainda, por meio de atividades de transporte, movimentação ou espera (Fig. 2.2).

A consideração das atividades de fluxo é muito importante para a melhoria do processo de planejamento e controle da produção. Isso se deve ao fato de que esse processo tem sido desenvolvido nas empresas de construção tendo por base o modelo de conversão anteriormente apresentado (Howell, 1999; Ballard, 2000). Sem a compreensão dos efeitos das atividades de fluxo na produção, torna-se difícil tomar decisões que venham a minimizar ou a eliminar causas de desvios nos planos (Ballard e Howell, 1996a).

---

[1] No trabalho de Koskela (1992), verifica-se que existem três tipos de fluxos: de materiais, de mão de obra e de informações. Alves (2000) define, genericamente, os fluxos de materiais e mão de obra como fluxos físicos como forma de diferenciá-los do fluxo de informações. Aliadas a essas denominações, verificou-se que Formoso *et al.* (1999) utilizam, ainda, o termo fluxo de trabalho para caracterizar um conjunto de operações realizadas por determinada equipe de produção. Assim, no presente trabalho, será utilizado o termo fluxo de trabalho para caracterizar doravante o fluxo de mão de obra que desenvolve determinado conjunto de operações no canteiro.

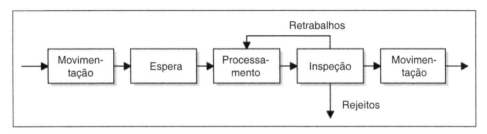

Figura 2.2 Modelo de processo da *lean construction*. Fonte: Adaptada de Koskela, 1992.

2.3 Planejamento e controle da produção

2.3.1 Definição

Em termos genéricos, para Ackoff (1976), planejamento pode ser considerado a "definição de um futuro desejado e de meios eficazes de alcançá-lo". De acordo com essa definição, verifica-se que a tomada de decisão está intrinsecamente relacionada com o planejamento, pois é por meio do processo decisório que as metas estabelecidas nos planos podem ser cumpridas.

Segundo Hoc (1988),[2] citado por Formoso (1991), a necessidade de lidar com uma representação esquemática de uma atividade é consequência da capacidade limitada da memória humana e da incerteza envolvida nesse processo de antecipação. A necessidade dessa representação se torna ainda mais evidente na medida em que a memória humana se depara com a execução de tarefas nunca antes realizadas pela empresa. Nessas situações, planos podem ser elaborados como uma referência inicial e interpretados como hipóteses a serem confirmadas de acordo com a execução do trabalho.

Syal *et al.* (1992) descrevem o planejamento como um processo de tomada de decisão que resulta em um conjunto de ações necessárias para transformar o estágio inicial de um empreendimento em um estágio final desejado. Essas ações fixam padrões de desempenho em relação ao qual o progresso do empreendimento é mensurado e analisado durante a fase de controle da produção. Entretanto, esse conceito não se refere ao controle como parte do processo de planejamento.

No Sistema Toyota de Produção, porém, há uma preocupação maior com a questão da ligação consistente e efetiva da função planejamento com as funções de controle, execução e monitoramento (GHINATO, 1996). Isso pode ser explicado à medida que os defeitos vão sendo identificados na fase de execução e controle, fazendo com que essas duas últimas funções sejam fundamentais para a redução de problemas operacionais, independentemente do grau de consistência e perfeição com que tenha sido o planejamento (GHINATO, 1996).

O autor salienta, também, que existe uma diferença entre controle e monitoramento. O controle pode ser encarado como um processo de supervisão exercido pela chefia sobre os trabalhadores e a verificação dos resultados das atividades desses trabalhadores, considerando alguns padrões especificados previamente (SHINGO, 1996). Assim, a função controle

---

[2] HOC, J. *Cognitive Psychology of Planning*. London: Academic Press, 1988.

10 Capítulo 2

inclui ações corretivas, em tempo real, nos postos de trabalho. No monitoramento, entretanto, ocorrem apenas a comparação do executado com o planejado e a determinação da(s) causa(s) fundamental(is) da ocorrência de falhas (GHINATO, 1996).

Além disso, Ballard e Howell (1996b) citam que o planejamento produz metas que possibilitam o gerenciamento dos processos produtivos, enquanto o controle garante o cumprimento dessas metas, bem como avalia sua conformidade com o planejado, fornecendo, assim, informações para a preparação de planos futuros.

Laufer e Tucker (1987) apresentam uma definição que se aproxima daquelas apresentadas anteriormente, na qual planejamento é considerado um processo de tomada de decisão realizado para antecipar uma ação futura desejada, utilizando para isso meios eficazes para concretizá-la. Esse processo é composto pelos seguintes elementos (LAUFER *et al.*, 1994):

a um processo de tomada de decisão – para decidir o que e quando executar ações em determinado ponto no futuro;

b um processo de integração de decisões interdependentes, configurando, assim, um sistema de decisões que busca cumprir os objetivos do empreendimento;

c um processo hierárquico envolvendo desde a formulação de diretrizes gerais a objetivos, por meio da consideração dos meios e restrições que levam a um detalhado curso de ações;

d um processo que inclui uma cadeia de atividades compreendendo a busca de informações e sua análise, o desenvolvimento de alternativas, a análise e a avaliação das mesmas e a escolha da solução;

e uma análise do emprego sistemático de recursos em seus vários níveis de desenvolvimento;

f apresentação documentada, em forma de planos.

Entretanto, diante das definições apresentadas, será adotada neste livro a definição de Formoso (1991), visto que é uma das únicas que considera o controle parte inerente do processo de planejamento. Esse autor define planejamento como "o processo de tomada de decisão que envolve o estabelecimento de metas e dos procedimentos necessários para atingi-las, sendo efetivo quando seguido de um controle".

2.4 Dimensão horizontal

Laufer e Tucker (1987) salientam que o processo de planejamento e controle da produção pode ser representado por duas dimensões básicas: horizontal e vertical. A primeira refere-se às etapas pelas quais o processo de planejamento e controle é realizado, e a segunda, a como essas etapas são vinculadas entre os diferentes níveis gerenciais de uma organização.

Nesse sentido, Laufer e Tucker (1987) salientam que a dimensão horizontal do processo de planejamento envolve cinco etapas (Fig. 2.3):

a planejamento do processo de planejamento;

b coleta de informações;

c   preparação de planos;
d   difusão da informação;
e   avaliação do processo.

A primeira e a última fases do ciclo têm um caráter intermitente, isto é, ocorrem em períodos específicos na empresa construtora, seja por ocasião do lançamento de novos empreendimentos, do término da construção ou de alguma etapa importante da obra. Já as fases intermediárias formam um ciclo que ocorre continuamente durante toda a etapa de produção.

Analisando o processo de planejamento apresentado na Figura 2.3, percebe-se que existe um ciclo de replanejamento que se inicia com a coleta de informações sobre o sistema que está sendo controlado. Essas informações são processadas na etapa de preparação dos planos e difundidas para as entidades que delas necessitam. A partir dessas informações, são geradas ações (etapa AÇÃO do processo) que possibilitem o cumprimento das metas fixadas. São, então, coletadas novamente informações sobre o sistema controlado, objetivando a identificação de possíveis desvios nas metas dos planos e suas causas. Mais uma vez, as informações são processadas, e os planos são reformulados e difundidos.

Segundo Laufer e Tucker (1987), nas empresas construtoras, das etapas do processo de planejamento apresentadas na Figura 2.3, a primeira e a última são praticamente inexistentes, e as restantes são desenvolvidas de forma deficiente. Esses autores complementam que é muito comum encontrar planos formais, preparados pelo pessoal do escritório central, decorando as paredes do escritório do canteiro. Isso ocorre por causa dos seguintes motivos:

a   a execução da obra no canteiro é coordenada por meio de um planejamento de curto prazo realizado pelo gerente de produção, em períodos diferentes dos planos formais;
b   as entidades responsáveis pelo planejamento encontram dificuldades na atualização dos planos, visto que as mesmas não dispõem de informações do canteiro de obras para a retroalimentação do planejamento, como também por causa do excesso de trabalho que é exigido para atualizar planos muito detalhados;
c   os diferentes níveis de decisão do planejamento não estão integrados.

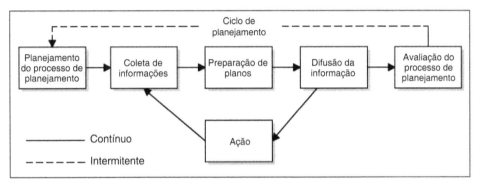

Figura 2.3 As cinco fases do ciclo de planejamento. Fonte: Adaptada de Laufer e Tucker, 1987.

2.4.1 Preparação do processo de planejamento

Nessa primeira etapa, são tomadas decisões relativas ao horizonte e ao nível de detalhes do planejamento, da frequência de replanejamento e do grau de controle a ser efetuado. Entende-se por horizonte de planejamento o intervalo de tempo entre a preparação do plano e a realização da ação inerente às metas fixadas naquele plano (LAUFER; TUCKER, 1988). Essas decisões são relativas aos planos que são necessários no processo de planejamento, a como os mesmos são utilizados, ao seu grau de detalhamento, às técnicas mais apropriadas para sua construção, a quando os mesmos devem ser preparados, entre outras (HARRISON [1985])[3] apud FORMOSO, 1991).

Em seguida, são analisadas as características da obra e a forma pela qual a mesma será planejada, procedendo-se à escolha dos níveis de planejamento. A maneira como esses níveis são integrados constitui a dimensão vertical do planejamento, que é discutida na Seção 2.5.

Uma maneira de se estabelecer uma vinculação padronizada de forma hierarquizada das metas dos vários planos adotados para o planejamento da obra é por meio da utilização da *Work Breakdown Structure* (WBS), denominada por Limmer (1997) "Estrutura Analítica de Partição do Projeto – EAP". A elaboração de uma WBS deve ser realizada paralelamente ao estudo das zonas de trabalho apropriadas para as equipes de produção, atividade esta denominada zoneamento. Isso se deve à importância do estabelecimento do vínculo das metas de produção com o local de trabalho do operário.

Assumpção (1996) define WBS como uma estrutura de decomposição da obra em subsistemas, estabelecendo hierarquias entre as atividades que são decompostas. Com a sua utilização podem-se estabelecer linguagens padronizadas para determinadas tipologias de obras. A Figura 2.4 apresenta um exemplo de uma parte de uma WBS.

A definição de como será realizada a partição da obra em serviços e atividades deve partir do tipo de obra a ser executada, das diversas equipes que irão participar dela, do grau de controle que a empresa poderá realizar, bem como da forma pela qual o processo de

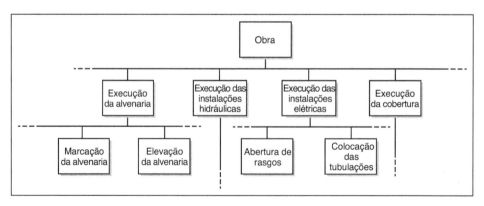

Figura 2.4 Exemplo de uma WBS.

---
[3] HARRISON, F. *Advanced Project Management.* Aldershot, Gower, 1985.

produção será projetado. Assim, recomenda-se que, para cada tipo de obra, a empresa desenvolva uma WBS específica de acordo com requisitos e princípios próprios.

O zoneamento busca facilitar o estabelecimento de unidades de controle que podem ser utilizadas para o dimensionamento dos pacotes de trabalho. Por pacote de trabalho subentende-se um conjunto de tarefas similares a serem realizadas, frequentemente em uma área bem definida, utilizando informações de projeto específicas, bem como material, mão de obra e equipamento, e tendo seus pré-requisitos completados em tempo hábil para a sua execução (CHOO et al., 1999). Ainda no exemplo da Figura 2.4, a unidade de controle do serviço "Alvenaria" pode ser definida como "parede", e, dessa forma, tanto o acompanhamento da "marcação" quanto a da "elevação" serão efetuados por meio do controle da execução dos pacotes de trabalho referentes à unidade de controle previamente definida.

Entretanto, a forma pela qual a WBS é normalmente elaborada, por meio da divisão hierárquica dos processos produtivos, faz com que ela esteja em consonância com o modelo de conversão discutido na Seção 2.2. Desse modo, a utilização dos critérios de segmentação tradicionalmente empregados nos processos de planejamento e orçamento para a definição de atividades acaba dificultando a explicitação dos fluxos, bem como das atividades que não agregam valor ao produto.

2.4.2 Coleta de informações

Na segunda etapa, ocorre a coleta das informações necessárias para se realizar o planejamento. Essas informações incluem, geralmente, contratos, plantas, especificações técnicas, descrições das condições do canteiro e das condições ambientais, tecnologia a ser utilizada na construção, viabilidade da terceirização ou não de processos, índices de produtividade do trabalho, dados de equipamentos a serem utilizados e metas estabelecidas pela alta gerência. Iniciada a construção, o processo de reunião de informações continua, mas a partir desse ponto com ênfase nos recursos consumidos e nas metas alcançadas (LAUFER; TUCKER, 1987).

Segundo Laufer e Howell (1993), essa fase tem como objetivo a redução da incerteza por meio de uma abordagem na qual, inicialmente, se deve procurar selecionar, de forma sistemática, as informações necessárias à execução do processo produtivo. Contudo, a maior deficiência dessa fase é o fato de que a incerteza normalmente não é considerada (LAUFER e TUCKER, 1987).

2.4.3 Preparação dos planos

A etapa que recebe maior atenção dos responsáveis pelo planejamento em empresas de construção é, normalmente, a de preparação dos planos. Dessa forma, é importante, então, que seja realizada uma análise crítica da utilização de algumas das técnicas empregadas nessa fase.

Do ponto de vista prático, as técnicas de rede CPM (*critical path method* — método do caminho crítico) são consideradas, por alguns autores, indispensáveis para a preparação dos planos e a programação do empreendimento (LEVITT et al., 1988). Entretanto, mesmo com a utilização dessas técnicas por mais de três décadas, a sua eficácia tem se mostrado limitada.

14 Capítulo 2

Uma pesquisa realizada em empresas de construção de grande porte que aplicavam a técnica nos Estados Unidos mostrou que apenas 15 % delas consideraram terem obtido sucesso (LAUFER; TUCKER, 1987). Em empresas de pequeno porte, a situação foi menos encorajadora: estudos realizados mostraram que apenas 10 % delas utilizavam o método (WADDILL; MAYES [1986],[4] citados por LAUFER; TUCKER, 1987). No Brasil, uma pesquisa realizada na grande Porto Alegre indicou que apenas 9 % das empresas de construção de pequeno porte utilizavam técnicas de rede (FRUET; FORMOSO, 1993). Nessa última pesquisa, foram apresentados como principais fatores para a não utilização dessas técnicas a dificuldade de utilização, o desconhecimento da técnica e a percepção de que a técnica não se aplica à construção civil.

Essas técnicas, entretanto, apresentam vantagens e desvantagens. As principais deficiências apontadas na bibliografia são as seguintes:

a necessidade da presença de especialistas para gerar ou alterar o plano da obra, mesmo com o uso de pacotes computacionais (BIRREL, 1980);

b dificuldade de aplicação da técnica por causa da variabilidade das durações e da falta de precisão na estimativa de atividades e recursos (HEINECK, 1984);

c dificuldade de se assegurar a continuidade das operações no canteiro, visto que a técnica focaliza mais restrições tecnológicas do que propriamente restrições de recursos (LAUFER; TUCKER, 1987);

d incompatibilidade com o processo construtivo, visto que a técnica é aplicável a processos que envolvam montagem de componentes, exigindo, portanto, um sequenciamento bem detalhado das operações envolvidas (FORMOSO, 1991), o que, em geral, não acontece durante determinadas fases da construção, nas quais o sequenciamento de atividades não é rígido (LAUFER; TUCKER, 1987);

e dificuldade dos profissionais encarregados do gerenciamento da construção de entender a complexidade das redes (BIRREL, 1980);

f dificuldade de se explicitar atividades de fluxo (KOSKELA, 1992).

Essas técnicas têm algumas vantagens porque

a ajudam a determinar a lógica com a qual o empreendimento será construído (HEINECK, 1984);

b permitem a visualização dos serviços que se desviaram do programa inicial e suas influências nas demais etapas da obra (MAZIERO, 1990);

c auxiliam o estabelecimento dos recursos necessários à execução dos serviços (MAZIERO, 1990).

---

[4] WADDILL, J.; MAYERS, K. Using a spreadsheet for construction contracts: A polemic. *Construction Management and Economics*, n. 3, pp. 15-24, 1986.

Segundo Birrel (1980), a técnica CPM foi criada para empreendimentos do governo americano que visavam apenas a cumprir prazos e não a melhorar a eficiência na utilização de recursos. Esses objetivos são, portanto, diferentes daqueles da indústria de construção. Na indústria da construção, trabalha-se com restrições de recursos, diferentemente do contexto que deu origem à criação da técnica. Porém, enquanto não existirem técnicas mais adequadas, as redes CPM/PERT deverão continuar a ser utilizadas (LAUFER; TUCKER, 1987).

Uma outra técnica para a preparação de planos é a Linha de Balanço, destinada a empreendimentos com características repetitivas, como prédios altos ou conjuntos habitacionais, por exemplo. Essa técnica está mais diretamente relacionada com os conceitos básicos da *lean construction*, visto que ela procura explicitar os ritmos de produção e os fluxos de trabalho, conferindo, assim, maior visibilidade ao processo produtivo.

A visibilidade está diretamente vinculada ao conceito de Linha de Balanço, na medida em que é possível inferir sobre a maneira como a produção será desenvolvida em termos de tempo e espaço. Pode-se, com isso, de uma maneira eficiente, identificar possíveis interferências do fluxo de mão de obra no processo produtivo. Uma análise cuidadosa do plano que está sendo elaborado pode reduzir a parcela das atividades que não agregam valor, melhorando, consequentemente, a eficiência da obra. Contudo, uma deficiência dessa técnica reside no fato de que ela explicita o fluxo de mão de obra, mas não analisa o fluxo de materiais (TOMMELEIN, 1998).

Quaisquer que sejam as técnicas utilizadas para a preparação dos planos, elas devem ser hierarquizadas em níveis de planejamento, já que cada nível possui uma função específica no processo, principalmente no que tange à disponibilização e à alocação de recursos no canteiro (HOWELL; BALLARD, 1996). Uma discussão mais aprofundada sobre a hierarquização é apresentada na Seção 2.5, que se refere à dimensão vertical de planejamento.

2.4.4 Difusão de informações

A preparação dos planos é seguida pela quarta fase: a difusão de informações (LAUFER; TUCKER, 1987). Essa etapa do processo, em geral, apresenta três problemas principais. O primeiro refere-se ao fato de que algumas pessoas podem se sentir prejudicadas com os resultados propiciados pelo planejamento, impondo obstáculos à sua implementação. O segundo refere-se à grande quantidade de informações organizadas em um formato não apropriado (LAUFER; TUCKER, 1987). O terceiro é a existência, normalmente, de dois sistemas de informações paralelos para o gerenciamento do empreendimento. No nível tático, o sistema é formal, situa-se no escritório central da empresa construtora e tem efeito limitado na execução da obra. No nível operacional, existem no canteiro de obras um sistema de informação informal e um de decisão que ditam, no curto prazo, a execução da construção (LAUFER e TUCKER, 1987; FORMOSO, 1991).

No nível tático, um plano geral da construção é produzido pelo responsável pelo planejamento. Os planos produzidos nesse nível não são muito detalhados, sendo utilizados para a realização de estudos de viabilidade, instrumento de contratação, entre outros. No nível

16 Capítulo 2

operacional, os planos são produzidos informalmente pela gerência operacional da obra, que utilizam, em geral, os planos desenvolvidos no nível tático como uma referência para suas decisões de curto prazo (FORMOSO, 1991).

Um outro aspecto que deve ser salientado nessa etapa é a forma pela qual as informações são difundidas. Assim, a informação deve ser preparada de acordo com as necessidades das pessoas que irão utilizá-la. O responsável pela difusão de determinada informação deve, então, com o auxílio dos usuários dela, identificar aquelas que são pertinentes em seus processos decisórios (LAUFER; TUCKER, 1987).

2.4.5 Ação

Durante a fase de ação, indicada na Figura 2.3, o progresso da produção é controlado e monitorado, e as informações resultantes desse controle são utilizadas para atualizar os planos e preparar relatórios sobre o desempenho da produção (FORMOSO, 1991). Laufer (1997) aponta que muitas situações inesperadas ocorrem depois que o plano do empreendimento está preparado e quando ele já se encontra em fase de execução. Para lidar com essas situações, o gerente da obra deve desenvolver as funções de controle e monitoramento. Essas funções são necessárias para que o gerente mantenha a atenção em três tipos de risco[5] (LAUFER; TUCKER, 1987):

a **risco conceitual** – resultado de uma formulação imperfeita de um problema;
b **risco administrativo** – resultado de uma falha da administração ao implementar a solução de algum problema;
c **risco ambiental** – resultado de uma mudança ambiental não prevista, podendo ocasionar desvios até mesmo em planos bem formulados.

Por meio da atenção nesses riscos, o responsável pelo planejamento de uma empresa construtora pode eliminar a incerteza ou minimizar seus efeitos nocivos.

2.4.6 Avaliação do processo de planejamento

A última etapa corresponde à avaliação de todo o processo de planejamento, e deve ocorrer ao término da construção ou, ainda, durante a própria execução caso haja mudanças substanciais nas metas estabelecidas nos planos (LAUFER; TUCKER, 1987). Nessa etapa, deve ocorrer a análise das decisões estabelecidas durante a concepção (ou preparação) do processo de planejamento e controle da produção. A utilização de indicadores globais, como, por exemplo, a relação entre os custos orçados e os custos reais, acompanhados por meio de relatórios de controle operacionais, pode ajudar na análise dessa fase. Entretanto, é importante que as ações identificadas como soluções para a correção dos desvios existentes nos planos sejam, de fato, implementadas.

---

[5] Risco é definido como a chance de ocorrência de um problema não desejado que interfere diretamente na execução do empreendimento (TURNER, 1993).

2.5 **Dimensão vertical**

O planejamento deve ser realizado em todos os níveis gerenciais da organização e integrado de maneira a mantê-los sintonizados uns com os outros (GHINATO, 1996). Por causa da incerteza presente no processo construtivo, é importante que os planos sejam preparados em cada nível com um grau de detalhe apropriado (LAUFER e TUCKER, 1988; FORMOSO, 1991).

Laufer e Tucker (1988) salientam que o grau de detalhe deve variar com o horizonte de planejamento, crescendo com a proximidade da implementação. Planos que contêm muitos detalhes podem se mostrar ineficientes diante de uma situação de alta incerteza, por causa do excessivo esforço necessário para remanejá-los (LAUFER; TUCKER, 1988).

Incerteza pode ser definida como a diferença entre a quantidade de informações necessárias para o desenvolvimento de determinada atividade e a quantidade de informações existente (GALBRAITH [1977],[6] *apud* LAUFER, 1992). A incerteza sobre a execução de uma atividade cresce com o aumento do horizonte necessário para a implementação de determinado plano (LAUFER, 1997). À medida que os efeitos da incerteza se manifestam, o planejamento deve ser ajustado de forma a garantir que o trabalho continue sendo executado de maneira eficiente (TOMMELEIN, 1998).

Entretanto, em ambientes incertos, uma forma de absorver essa incerteza é garantir flexibilidade à tomada de decisão por meio da redundância de recursos (LAUFER; TUCKER, 1987). Essa incorporação, no entanto, deve contemplar um custo adicional que deve ser previsto no processo de orçamento e análises de viabilidade do empreendimento.

Uma outra forma de lidar com os efeitos da incerteza é por meio da utilização de *buffers*. Não existe uma definição clara para *buffer* em português e no sentido em que é usado. No presente trabalho, considera-se *buffer*, que em tradução literal significa "amortecedor", um estoque de tempo, capacidade, materiais ou produto inacabado que possibilita a execução das operações no canteiro de obras, caso algum problema venha a interferir no desenvolvimento normal daquelas devidamente planejadas.

Buffers devem ser dimensionados de acordo com o grau de incerteza existente nos planos (BALLARD; HOWELL, 1997b). Assim, se a incerteza é baixa, seja por estar a tecnologia bem estabelecida por experiências passadas, ou porque os objetivos do empreendimento estão bem definidos e as condições ambientais mais estáveis, os *buffers* podem ser reduzidos e os planos podem ser mais detalhados (LAUFER; HOWELL, 1993).

Como cada nível de planejamento requer diferentes graus de detalhes, os planos devem ser elaborados por meio de ferramentas consistentes entre os diferentes níveis hierárquicos da empresa (HOPP; SPEARMAN, 1996). A manutenção da consistência entre esses níveis deve ser considerada, principalmente, durante a preparação dos planos (FORMOSO, 1991; ALVES, 2000).

Convencionalmente, segundo a dimensão vertical, são três os níveis hierárquicos do planejamento: estratégico, tático e operacional. No nível estratégico, são definidos o escopo

---

[6] GALBRAITH, J. *Organization Design*. Addison-Wesley, Reading, Mass., 1977.

18 Capítulo 2

e as metas do empreendimento a serem alcançadas em determinado intervalo de tempo (Shapira; Laufer, 1993). Nesse nível, as decisões tomadas para a preparação dos planos estão relacionadas com questões de longo prazo (Hopp; Spearman, 1996). No nível tático, enumeram-se os meios e suas limitações para que essas metas sejam alcançadas. Segundo Davis e Olson (1987), o planejamento tático refere-se à identificação de recursos, à estruturação do trabalho, além do recrutamento e treinamento de pessoal. Finalmente, o nível operacional refere-se à seleção do curso das ações por meio das quais as metas são alcançadas (Eilon [1971],[7] *apud* Laufer e Tucker [1987]. Laufer e Tucker (1987) relacionam, nesse contexto, o planejamento operacional com as decisões a serem tomadas no curto prazo. Ainda segundo esses autores, as decisões supracitadas são referentes às operações de produção da empresa.

Os níveis de planejamento utilizados neste livro são o tático e o operacional, visto que o estratégico está muito mais vinculado às etapas iniciais do processo de projeto (Formoso *et al.*, 1999). Em geral, pode-se ter um plano tático destinado a um horizonte de longo ou de médio prazo, por exemplo. Contudo, isso vai depender do tipo de obra a ser executada, do horizonte de tempo necessário à execução, bem como da maneira pela qual o processo de planejamento e controle da produção será desenvolvido. De forma a evitar confusão quanto a essas terminologias, optou-se por apresentar os níveis de planejamento segundo os horizontes pelos quais eles são válidos. Isso pode ser explicado pelo fato de a apresentação por meio dos horizontes de planejamento estar mais relacionada com a discussão sobre a incerteza existente no ambiente produtivo e sua influência no grau de detalhe dos planos.

2.5.1 Planejamento de longo prazo

Conforme comentado na seção anterior, por causa da incerteza existente no ambiente produtivo, o plano destinado a um longo prazo de execução deve apresentar um baixo grau de detalhes. Laufer (1997) denomina o plano gerado nesse nível de plano mestre e salienta que ele deve ser utilizado para facilitar a identificação dos objetivos principais do empreendimento.

Tommelein e Ballard (1997) salientam que esse plano descreve todo o trabalho que deve ser executado por meio de metas gerais. O plano gerado nesse nível destina-se à alta gerência, de forma a mantê-la informada sobre as atividades que estão sendo realizadas (Tommelein; Ballard, 1997).

O plano de longo prazo serve, também, de base para o estabelecimento de contratos, fornecendo um padrão de comparação no qual o desempenho do empreendimento pode ser monitorado (Laufer, 1997; Tommelein e Ballard, 1997). De acordo com Oglesby *et al.* (1989), poucos construtores se aventuram a iniciar a obra sem preparar esse plano, mesmo que a preparação ocorra de maneira informal.

---

[7] Eilon, S. *Management Control.* London: Macmillan, 1971.

2.5.2 Planejamento de médio prazo

O planejamento de médio prazo é considerado como um segundo nível de planejamento tático, que busca vincular as metas fixadas no plano mestre com aquelas designadas no curto prazo (Formoso *et al.*, 1999). Ainda segundo esses autores, o planejamento nesse nível tende a ser móvel, sendo por isso denominado *lookahead planning* (Ballard, 1997).

Esse plano é considerado um elemento essencial para a melhoria de eficácia do plano de curto prazo (Seção 2.5.3) e, consequentemente, para a redução de custos e durações (Ballard, 1997). Isso ocorre porque é por meio dele que os fluxos de trabalho são analisados, visando a um sequenciamento que reduza a parcela das atividades que não agregam valor ao processo produtivo.

As atividades que constam nesse tipo de plano descrevem o processo de construção que será utilizado (Tommelein *et al.*, 1994), incluindo a especificação de métodos construtivos e a identificação dos recursos necessários à execução (Tommelein; Ballard, 1997). A quantificação dos recursos disponíveis no canteiro, bem como as restrições relacionadas com o desenvolvimento dos trabalhos, também são consideradas nesse nível de planejamento (Tommelein; Ballard, 1997). Segundo Ballard (1997), o plano de médio prazo pode servir a outros propósitos:

a modelar o fluxo de trabalho, na melhor sequência possível, de forma a facilitar o cumprimento dos objetivos do empreendimento;

b facilitar a identificação da carga de trabalho e dos recursos necessários que atendam ao fluxo de trabalho estabelecido;

c ajustar os recursos disponíveis ao fluxo de trabalho definido;

d possibilitar que trabalhos interdependentes possam ser agrupados, de forma que o método de trabalho seja planejado de maneira conjunta;

e auxiliar na identificação de operações que podem ser executadas de maneira conjunta entre as diferentes equipes de produção;

f identificar um estoque de pacotes de trabalho que poderão ser executados caso haja algum problema com os pacotes designados às equipes de produção.

A Figura 2.5 apresenta um exemplo de representação de um plano *lookahead* típico com horizonte de 4 semanas. De acordo com o exemplo, o plano possui quatro semanas para ser planejado, contadas a partir da segunda semana, pois a primeira corresponde ao horizonte compreendido pelo plano de curto prazo (Seção 2.5.3).

A execução do *lookahead* é fundamentada na análise do plano de longo prazo preparado. Desse modo, o responsável por sua elaboração identifica, por um processo de triagem[8] (*screening*), quais atividades devem ser incluídas no plano de médio prazo, bem como as que serão postergadas nesse horizonte de planejamento (Tommelein; Ballard, 1997). Uma forma

---

[8] A denominação "processo de triagem" é apresentada como significado de *screening* no trabalho de Alves (2000).

Obra: Porto Príncipe	Engenheiro: José	Mestre: João	Data: 01/01/1999	Folha: 01

Atividades	Q	Q	S	S	S	T	Q	Q	S	S	S	T	Q	Q	S	S	S	T	Q	Q	S	S	S	T	Necessidades
Equipe: Hélio e Miguel																									
Piso cerâmico apts. 201 e 202	X	X	X	-	X	X																			Mat. no canteiro até 30/08
Azulejo apt. 301							X	X	X	-	X	X													Preparar azulejo até 08/09
Azulejo apt. 401													X	X	X	-	X	X							Contratar +1 azulejo até 12/09
Azulejo apt. 403																			X	X	X	-	X	X	*Necessidade*.......
Equipe: pintores																									
1ª demão apts. 203 e 204							X	X	X	-	X	X													*Necessidade*.......
Massa corrida apt. 304							X	X	X																*Necessidade*.......
2ª demão apt. 204																			X	X	X	-	X	X	*Necessidade*.......
1ª demão apts. 202 e 203	X	X	X	-	X	X																			*Necessidade*.......
Massa corrida portaria															X	X									*Necessidade*.......

Figura 2.5 Exemplo de plano de médio prazo *lookahead*. Fonte: Adaptada de Ballard, 1997.

de auxiliar esse processo é a utilização dos requisitos de qualidade do plano de curto prazo (TOMMELEIN; BALLARD, 1997). Esses requisitos são apresentados na Seção 2.5.3.

À medida que as atividades são programadas no *lookahead*, é estabelecido um conjunto de ações em prol da disponibilização dos recursos necessários à execução dessas ações (TOMMELEIN; BALLARD, 1997). Em geral, não é necessário que todos os recursos estejam disponíveis no canteiro para que uma atividade seja programada nesse nível (BALLARD, 1997).

Contudo, uma vez que existe a necessidade de as atividades desse nível serem executadas para não comprometer o fluxo de trabalho existente, deve-se recorrer à realização de ações que permitam disponibilizar tais recursos (TOMMELEIN; BALLARD, 1997). A realização dessas ações é definida como mecanismo *pull*, que está relacionado com a reprogramação de tarefas conforme a necessidade e as condições de desenvolvimento do projeto (ALVES, 2000). Na implementação desse mecanismo, os recursos que ainda não foram disponibilizados devem ser identificados antes da data prevista para a realização da atividade, evitando, assim, possíveis atrasos na programação (TOMMELEIN; BALLARD, 1997).

Para utilização do mecanismo *pull*, além da identificação dos recursos necessários à execução das atividades, deve-se buscar identificar e eliminar as restrições que impedem o fluxo contínuo de trabalho (TOMMELEIN, 1998). Essa forma de atuação é um primeiro passo para a proteção da produção contra os efeitos da incerteza no nível do curto prazo (BALLARD e HOWELL, 1997; TOMMELEIN, 1998; CHOO *et al.*, 1999).

2.5.3 Planejamento de curto prazo

No nível de curto prazo, Ballard e Howell (1997a) propõem que o planejamento deve ser desenvolvido por meio da realização de ações direcionadas a proteger[9] a produção contra os efeitos da incerteza. No trabalho de Ballard e Howell (1997a), pode-se proteger a produção por meio da utilização de planos passíveis de serem atingidos, que foram submetidos a uma análise do cumprimento de seus requisitos (detalhados posteriormente) e pela análise das razões pelas quais as tarefas planejadas não são cumpridas (BALLARD; HOWELL, 1997a).

A Figura 2.6 representa esquematicamente a lista de tarefas semanais de um plano de curto prazo. Na primeira coluna são descritos os pacotes de trabalho (ou tarefas) executáveis para a semana seguinte à da elaboração do plano. Nas demais colunas registram-se o número de funcionários envolvidos com o pacote, em seus respectivos dias de trabalho, bem como a finalização da tarefa (coluna "OK") e a identificação da causa real do problema, em consequência do qual o pacote não foi cumprido 100 % (coluna "PROBLEMAS").

Existe, também, um espaço na planilha destinado para as tarefas reservas, que são aquelas consideradas *buffers* de tarefas executáveis, identificadas durante a elaboração do *lookahead* (Seção 2.5.2) como atividades que atendem aos requisitos de qualidade do plano de curto prazo, mas que não são identificadas como prioritárias pelo plano de longo prazo (BALLARD; HOWELL, 1997a). Seu principal objetivo é garantir continuidade de trabalho para as equipes de produção, caso venha a ocorrer algum problema que impeça a execução das atividades

LISTA DE TAREFAS SEMANAIS

Semana: 21/07 a 25/07 — Mestre: Alberi — Engenheiro: Carlos

Tarefa	S	T	Q	Q	S	S	OK	Problemas
Colocação das fôrmas do 4º pavimento	6	6	6	6			X	OK!
Desformar 2º pavimento			4	4	4	4	X	OK!
Alvenaria área 1 do 1º pavimento			3	3	3			Faltou material

PPC = 2/3 = 66,67%

Tarefas reservas:
- Preparação das armaduras das vigas do 4º pavimento
- Colocação da armadura das vigas do 4º pavimento

Figura 2.6 Exemplo de planilha utilizada na preparação do plano de curto prazo. Fonte: Adaptada de Ballard e Howell, 1997a.

---

[9] Segundo Slack *et al.* (1997), existem dois tipos de proteção da produção: uma física e a outra organizacional. A primeira refere-se à consideração de *buffers* no ambiente produtivo, e a segunda está relacionada com a maneira pela qual a organização está estruturada para evitar interrupções na produção. Ballard e Howell (1997a) denominam a sistemática utilizada para se proteger a produção de *shielding production* (produção protegida).

22 Capítulo 2

designadas a essas equipes (CHOO *et al.*, 1999), conferindo, desse modo, um caráter contingencial ao plano de curto prazo.

No final do ciclo de curto prazo adotado (diário, semanal ou quinzenal), procede-se ao monitoramento das metas executadas e ao registro das causas pelas quais as mesmas não foram cumpridas conforme o planejado. Existe um indicador associado ao plano denominado Percentagem do Planejamento Concluído (PPC), calculado por meio da razão dos pacotes de trabalhos completados pelos totais planejados. No exemplo da Figura 2.6, ao final da semana, durante a análise dos pacotes completados, percebe-se que dois dos três pacotes designados haviam sido completados. Assim, o PPC da semana é 66,67 %.

Alguns requisitos, entretanto, necessitam ser cumpridos para que se possa elaborar esse tipo de plano. Essas exigências são realizadas de forma a criar condições de elaboração de planos passíveis de serem atingidos. Esses requisitos estão listados a seguir (BALLARD; HOWELL, 1997a):

a definição: os pacotes de trabalho devem estar suficientemente especificados para definição do tipo e da quantidade de material a ser utilizado, sendo possível identificar claramente, ao término da semana, aqueles que foram completados;

b disponibilidade: os recursos necessários devem estar disponíveis quando forem solicitados;

c sequenciamento: os pacotes de trabalho devem ser selecionados, observando um sequenciamento necessário para garantir a continuidade dos serviços desenvolvidos por outras equipes de produção;

d tamanho: o tamanho dos pacotes designados para a semana deve corresponder à capacidade produtiva de cada equipe de produção;

e aprendizagem: os pacotes que não foram completados nas semanas anteriores e as reais causas do atraso devem ser analisados, de forma a se definir as ações corretivas necessárias, assim como identificar os pacotes passíveis de serem atingidos.

A designação de pacotes com qualidade protege a produção de um fluxo de trabalho incerto, contribuindo para a melhoria da produtividade das equipes de produção (BALLARD; HOWELL, 1997a).

Para Ballard (2000), a aplicação conjunta do plano de curto prazo com o *lookahead* faz parte de um conjunto de ferramentas que facilitam a implementação de um sistema de controle da produção denominado *last planner*. Esse autor define esse sistema como uma filosofia que busca melhorar o desempenho do processo de PCP, por meio de medidas que protejam a produção contra os efeitos da incerteza.

2.5.4 Programação de recursos

A gestão de recursos deve ocorrer nos três níveis de planejamento apresentados. Nesse caso, os recursos podem ser programados em momentos específicos durante a execução do empreendimento, podendo ser classificados em três classes distintas (FORMOSO *et al.*, 1999):

a recursos classe 1: são aqueles cuja programação de compra, aluguel e/ou contratação deve ser realizada a partir do planejamento de longo prazo, caracterizando-se, geralmente, por longo ciclo de aquisição e baixa repetitividade desse ciclo. Nesse caso, o lote de compra corresponde, em geral, ao total da quantidade de recursos a serem utilizados;

b recursos classe 2: aqueles cuja programação de compra, aluguel e/ou contratação deverá ser realizada a partir do planejamento tático de médio prazo e que se caracterizam, geralmente, por um ciclo de aquisição inferior a 30 dias e por uma frequência média de repetição desse ciclo. Os lotes de compra são, geralmente, frações da quantidade total do recurso;

c recursos classe 3: são aqueles cuja programação pode ser realizada em ciclos relativamente curtos (similares ao horizonte do plano de curto prazo). Em geral, a compra desses recursos é realizada a partir do controle de estoque da obra e do almoxarifado central (se houver). Caracterizam-se, geralmente, por um pequeno ciclo de aquisição e pela alta repetitividade desse ciclo.

A não disponibilização de recursos em tempo hábil para a execução traz como consequência direta a paralisação da obra pela falta de recursos e, indiretamente, dificulta um desenvolvimento adequado das funções de recrutamento, seleção, contratação e treinamento (CARVALHO, 1998). Nesse sentido, o processo de aquisição de recursos pode ser considerado o maior potencial individual de melhoria da qualidade em empresas de construção (PICCHI, 1993).

2.6 A responsabilidade pelo desenvolvimento do planejamento

O tempo dispensado à elaboração do planejamento deve ser livre de pressões, facilitando, assim, os processos de deliberação e ponderação indispensáveis à tomada de decisão (LAUFER; TUCKER, 1988). Normalmente, o ambiente no qual a gerência[10] está envolvida não possui essas características (MINTZBERG, 1973).

Estudos realizados por Mintzberg (1973) mostram que as atividades da gerência são caracterizadas pelo curto período de tempo utilizado para desenvolvê-las, além de serem consideradas breves, variadas e fragmentadas. Esses estudos revelaram que cerca de dois terços a quatro quintos do tempo de profissionais que assumem cargos de gerência são gastos emitindo ou recebendo informações (MINTZBERG, 1973; KOTTER, 1982).

Dessa forma, é difícil, para a gerência da obra, alocar tempo para a execução do planejamento, principalmente durante a construção do empreendimento, quando ocorre um fluxo

---

[10] O gerente citado corresponde à figura do responsável pela tomada de decisão na empresa. Pode ser o proprietário da empresa ou algum funcionário responsável pela direção da mesma.

maior de trabalho (LAUFER; TUCKER, 1988). Isso explica por que o gerente de produção dificilmente consegue desenvolver sozinho o processo de planejamento. Dessa forma, Laufer e Tucker (1988) recomendam que esse profissional deve ser assistido por um funcionário ou especialista que apresente tempo livre para dedicação a essa atividade.

Embora a gerência possa delegar essa atividade a especialistas, ela cumpre um papel fundamental nesse processo, visto que é responsável pelas decisões inerentes à sua unidade organizacional (MINTZBERG, 1973). Verifica-se então, nesse contexto, que o estabelecimento de uma cooperação entre o responsável pelo planejamento e a gerência tende a contribuir para a melhoria de todo o processo.

Segundo Laufer e Tucker (1988), tanto o gerente de produção como o funcionário envolvido com o processo de planejamento e controle da produção possuem apenas parte das informações necessárias para a tomada de decisões. Sendo assim, nenhum deles pode executar o processo de planejamento sem a ajuda do outro (LAUFER; TUCKER, 1988).

Como o processo de planejamento e controle da produção deve se basear na cooperação entre a gerência e o profissional responsável pelo planejamento, Laufer e Tucker (1988) recomendam que esse profissional não deve ser chamado de planejador, mas de coordenador do planejamento ou facilitador do planejamento. Isso expressa a separação entre decisões relacionadas com problemas que são de responsabilidade do gerente e aquelas relativas ao processo de planejamento e controle da produção (LAUFER; TUCKER, 1988).

2.7 Princípios da *lean construction*

Conforme salientado nas Seções 1.1 e 2.2, a *lean construction* apresenta uma base conceitual que tem o potencial de trazer benefícios, em termos de melhoria de eficiência e eficácia de sistemas de produção, por meio da aplicação de seus princípios básicos. No que tange ao desenvolvimento deste livro, é importante discutir como esses princípios podem ser implementados mediante o processo de planejamento e controle da produção. Dessa maneira, os onze princípios[11] propostos por Koskela (1992) são discutidos a seguir.

2.7.1 Redução da parcela de atividades que não agregam valor

Atividades que agregam valor são aquelas que convertem material e/ou informação direcionada a atender aos requisitos dos clientes e são denominadas atividades de conversão ou processamento (KOSKELA, 1992). Já aquelas que não agregam valor consomem tempo, recursos ou espaço, mas não contribuem para atender aos requisitos dos clientes (KOSKELA, 1992). A busca de redução das atividades que não agregam valor se constitui no princípio

---

[11] Este trabalho foi baseado nos onze princípios da nova filosofia da produção proposta por Koskela em 1992. A partir dos anos 2000, verificou-se que esse mesmo autor fez algumas alterações nesses princípios (KOSKELA, 2000), propondo uma teoria da produção denominada TFV. De acordo com essa teoria, a produção pode ser explicada por três pontos de vista principais. Esses pontos de vista são referentes aos conceitos de transformação, fluxo e valor. Como o desenvolvimento do presente trabalho foi fundamentado na pesquisa apresentada em 1992, e por não haver alterações substanciais desses princípios na proposta dos anos 2000, optou-se por não considerar tais alterações.

mais geral da nova filosofia de produção (KOSKELA, 1992). Estudos anteriores mostraram que as atividades que não agregam valor têm dominado a maioria dos processos produtivos, e que apenas 3 a 20 % dos estágios envolvidos nos processos agregam valor (CIAMPA [1991],[12] *apud* KOSKELA, 1992).

O processo de planejamento e controle da produção facilita a implementação desse princípio na medida em que se busca reduzir atividades de movimentação, inspeção e espera, bem como aquelas que consomem tempo, mas não agregam valor ao cliente final. Dessa forma, o estudo e a elaboração de um arranjo físico do canteiro que minimize distâncias entre os locais de descarga de materiais e seu respectivo local de aplicação podem reduzir a parcela das atividades de movimentação (SANTOS, 1999). A escolha de um equipamento apropriado que reduza essas atividades surge como uma possível alternativa. Porém, dependendo do equipamento, a decisão de alocá-lo na obra pode ser proveniente, eminentemente, da etapa de projeto.

Durante a fase de produção propriamente dita, a realização de uma simulação na planta-baixa da movimentação de mão de obra e de materiais, bem como uma consideração conjunta dos ritmos de produção das equipes, facilitam a identificação de zonas de interferências nos fluxos. Dessa forma, uma distribuição adequada de tarefas no *lookahead* permite que o gerente da obra evite esses tipos de interferências.

2.7.2 Aumentar o valor do produto por meio de uma consideração sistemática dos requisitos do cliente

Segundo Koskela (1992), agrega-se valor ao produto quando os requisitos de seus clientes internos e externos são atendidos. Nesse caso, para cada atividade, existem clientes de atividades seguintes e clientes do produto final. A identificação desses clientes internos e externos e dos seus requisitos constitui-se, então, um dos passos principais para melhorar a eficácia da produção (KOSKELA, 1992).

Embora esse princípio não esteja vinculado diretamente ao processo de planejamento, verifica-se que a sua implementação pode ocorrer na etapa de coleta de informações. Nesse caso, a consideração dos requisitos dos clientes antes da execução de algumas operações reduz o retrabalho e a consequente interferência nas atividades de fluxo. A busca desses requisitos em um momento que possibilite a sua consideração no planejamento da produção, evitando o retrabalho, pode dar, inclusive, a noção para o cliente de que a empresa é organizada e que se preocupa com o prazo de entrega da obra.

2.7.3 Redução da variabilidade

Existem várias razões para se reduzir a variabilidade no processo produtivo. Inicialmente, do ponto de vista do cliente, um produto uniforme é mais bem aceito. No que tange aos

---

[12] CIAMPA, D. *The CEO's Role in Time-Based Competition*. In: Blackburn, J., Time-Based Competition. Business One, Irwin, Homewood, pp. 273-293, 1991.

prazos da produção, a variabilidade tende a aumentar o tempo de ciclo, bem como a parcela de atividades que não agregam valor. Uma possível forma de se reduzir variabilidade é estabelecer padrões de processos (KOSKELA, 1992). Segundo Isatto *et al.* (2000), existem diversos tipos de variabilidade relacionadas com o processo de produção. Exemplos típicos de variabilidade referem-se à variação dimensional nos materiais entregues; a variabilidade existente na própria execução de determinado processo; e a variabilidade na demanda, que está relacionada com os desejos e às necessidades dos clientes de um processo.

O processo de planejamento e controle da produção facilita a implantação desse princípio na medida em que se busca a proteção da produção mediante a consideração sistemática de tarefas passíveis de serem executadas. Essa proteção é garantida por meio da aplicação da sistemática da produção protegida, ou *shielding production*, proposta por Ballard e Howell (1997a). A identificação das reais causas dos problemas preconizada nessa sistemática permite uma tomada de decisão mais condizente com a realidade da obra, que ao menos fornece um panorama da atual situação antes que os problemas interfiram no prazo de entrega da obra (SANTOS, 1999).

2.7.4 Redução do tempo de ciclo

Segundo Koskela (1992), o tempo de ciclo pode ser definido como o somatório dos prazos necessários para processamento, inspeção, espera e movimentação. A redução do tempo de ciclo pode ser alcançada por meio da redução da parcela de atividades que não agregam valor. Do ponto de vista do controle, sua aplicação resulta em ciclos de detecção e correção de desvios menores. Do ponto de vista da melhoria do processo, verifica-se que tempos de ciclo menores facilitam a implementação mais rápida de inovações.

Esse princípio pode ser implementado pelo processo de planejamento e controle da produção na medida em que se consegue reduzir a parcela das atividades que não agregam valor ao processo produtivo, por meio das decisões nos diferentes níveis de planejamento. Uma das formas de minorar as atividades que não agregam valor é mediante a sincronização dos fluxos de material e mão de obra, bem como o desenvolvimento de programações mais repetitivas e padronizadas (SANTOS, 1999). Isso, contudo, dependerá dos esforços despendidos no desenvolvimento dos processos de projeto e planejamento (SANTOS, 1999).

Essa sincronia pode ser alcançada à medida que decisões são tomadas para reduzir o tamanho dos lotes de material ou subprodutos de determinados processos produtivos. Segundo o autor, quando o tamanho do lote de determinado processo é reduzido, material e informação podem fluir de uma maneira mais rápida entre os vários estágios de um processo, fazendo com que o produto seja entregue ao seu consumidor final em menos tempo.

O planejamento *lookahead*, aliado aos ritmos das equipes da produção, é um instrumento potencial para que o fluxo seja analisado na busca da sincronização. No nível de curto prazo, as ações destinadas à proteção da produção possibilitam a continuidade das operações no canteiro, diminuindo a variabilidade e seu consequente tempo de ciclo.

Outra abordagem desse princípio que pode ser implementada com o auxílio do planejamento refere-se ao ganho obtido pela divisão dos trabalhos em tarefas ou pacotes de trabalho. Nesse sentido, pode-se procurar estabelecer o pagamento das tarefas por elemento concluído e não por unidade de medição, como por exemplo em m^2. Por meio dessa vinculação, procura-se minorar a ocorrência de retrabalho ou arremates.

2.7.5 Simplificação pela minimização do número de passos e partes

A simplificação deve ser entendida como a redução de componentes do produto ou do número de passos existentes em um fluxo de material ou informação. Por meio da simplificação, podem-se eliminar atividades que não agregam valor ao processo de produção (KOSKELA, 1992). Assim, na medida em que se tem um maior número de passos ou partes atreladas ao processo ou produto, atividades como inspeção e movimentação aumentam. Aliado a esses fatores, existe um aumento de custos no sistema de produção associado com as atividades que não agregam valor (CHILD[13] *et al.* [1991] *apud* KOSKELA, 1992). A utilização de elementos pré-fabricados, o uso de equipes polivalentes e o planejamento eficaz do processo de produção podem ser considerados alternativas para se atingir a simplificação (KOSKELA, 1992).

Embora esse princípio seja mais facilmente implementado por meio de decisões tomadas na etapa de projeto, o processo de planejamento e controle da produção pode implementá-lo por meio da análise da maneira pela qual o processo é executado. O desenvolvimento de reuniões para avaliação do processo de planejamento deve abranger, também, a identificação de formas para simplificar a operação propriamente dita.

Uma outra forma de se garantir a implementação desse princípio por meio do processo de planejamento e controle da produção é alcançada na medida em que se consegue estabelecer, durante a etapa de preparação do processo de planejamento, o desenvolvimento da produção em zonas de trabalho similares. Essa decisão pode garantir certa repetitividade ao processo, facilitando a identificação de possíveis áreas para simplificação.

2.7.6 Aumento da flexibilidade na execução do produto

Slack *et al.* (1997) salientam que a flexibilidade "significa ser capaz de mudar a operação de alguma forma. Pode ser alterar o que a operação faz, como faz ou quanto faz. Mudança é a ideia-chave". Ainda segundo Slack *et al.* (1997), "a maioria das operações precisa estar em condições de mudar para satisfazer as exigências de seus consumidores". Nesse contexto, a produção deve ser suficientemente flexível para minorar os efeitos dessa incerteza. Segundo Koskela (1992), para se aumentar a flexibilidade, deve-se procurar minimizar o tamanho dos lotes, aproximando-os da sua demanda; reduzir o tempo de preparação e troca de ferramentas e equipamentos; desenvolver o processo de forma a possibilitar a adequação do produto aos requisitos do cliente o mais tarde possível e utilizar equipes de produção polivalentes.

---

[13] CHILD, P *et al*. The Management of Complexity. *Sloan Management Review*, Fall, pp. 73-80, 1991.

28 Capítulo 2

Embora, à primeira vista, o aumento da flexibilidade pareça ser contraditório com a simplificação, muitas empresas têm sido bem-sucedidas na aplicação dos dois princípios simultaneamente (STALK e HOUT [1990],[14] *apud* KOSKELA, 1992).

O processo de planejamento da produção pode facilitar a implementação desse princípio na medida em que se consegue uma redução no tamanho dos lotes de materiais ou de determinados subprodutos. Assim, utilizando pequenos lotes, a flexibilidade na produção aumenta o que, certamente, irá exigir o desenvolvimento do processo de suprimentos e de produção com um maior nível de qualidade (JACKSON e HALL [1992],[15] *apud* SANTOS, 1999).

A coleta de informações sobre possíveis alterações de projeto por parte dos clientes pode garantir certa flexibilidade à produção, uma vez que a mudança acaba ocorrendo de maneira planejada. Nesse caso, o trabalho de equipes polivalentes surge como um fator importante para se evitarem os efeitos dessas incertezas.

2.7.7 Aumento de transparência

De acordo com esse princípio, pode-se diminuir a possibilidade de ocorrência de erros na produção, conferindo-se maior transparência aos processos produtivos. Isso ocorre porque, à medida que o princípio é utilizado, pode-se identificar problemas mais facilmente no ambiente produtivo, durante a execução dos serviços. A identificação desses problemas é facilitada, normalmente, pela disposição de meios físicos, dispositivos e indicadores, que podem contribuir para uma melhor disponibilização da informação nos postos de trabalho (KOSKELA, 1992). Nesse caso, a falta de transparência na disponibilização de informações nos locais de trabalho é considerada um dos fatores que contribuem para a existência de atividades que não agregam valor ao produto, como, por exemplo, a movimentação e a espera (GALSWORTH, 1997).

Esse princípio pode ser implementado por meio do processo de planejamento e controle da produção na medida em que se disponibilizam informações de acordo com a necessidade de seus usuários no ambiente produtivo. Uma forma de se aumentar a transparência do processo de planejamento e controle da produção é com a utilização de plantas ou esboços durante a discussão das metas, de maneira a facilitar a compreensão por parte das equipes de produção. Nesse caso, a discussão pode ser interpretada, inclusive, como um meio potencial para a troca de ideias sobre possíveis melhorias relacionadas com os processos que estão sendo executados ou os que ainda serão executados. Usando o diálogo, os funcionários envolvidos podem identificar meios alternativos para o desenvolvimento de determinado processo ou, ainda, alertar os demais participantes sobre dificuldades encontradas na execução de suas atividades. Quando os funcionários têm acesso às informações necessárias ao desenvolvimento de suas tarefas, suas atividades são executadas de maneira mais eficiente (GREIF, 1991).

---

[14] STALK, G.; HOUT, T. *Competing against Time*. Free Press, New York, 1989.
[15] JACKSON, J.; HALL, D. *Speeding up: New Product Development*. Management Accounting, October, 1992.

2.7.8 Foco no controle de todo o processo

O controle convencional da produção focalizado em etapas ou partes do processo contribui para o surgimento de perdas, já que cada nível gerencial tende a melhorar sua parcela de trabalho, não levando em consideração o processo como um todo (KOSKELA, 1992). Como as melhorias no processo devem ser introduzidas primeiramente, de forma a melhorar o desempenho global da produção (SHINGO, 1996), o controle de todo o processo possibilita a identificação e a correção de possíveis desvios que venham a interferir sobremaneira no prazo de entrega da obra. De acordo com Isatto *et al.* (2000), esse princípio pode ser aplicado quando houver mudança de postura por parte dos envolvidos da produção no que tange à percepção sistêmica dos problemas. Nesse caso, a integração entre os diferentes níveis de planejamento pode facilitar a implementação desse princípio. Isso ocorre porque a análise da repercussão no plano de longo prazo dos problemas coletados no curto prazo auxilia a tomada de decisões para a melhoria de desempenho dos processos produtivos.

2.7.9 Estabelecimento de melhoria contínua ao processo

Segundo Koskela (1992), os esforços em prol da redução do desperdício e do aumento do valor do produto devem ocorrer de maneira contínua na empresa. Ainda segundo esse autor, o princípio da melhoria contínua pode ser alcançado à medida que os demais vão sendo cumpridos. Como exemplo, verifica-se que o aumento de transparência pode indicar possíveis áreas de melhoria. Nesse contexto, a utilização de sugestões provenientes das próprias equipes de produção pode ser uma interessante fonte de ideias. O autor sugere também o estabelecimento de recompensas para as equipes que demonstrarem a incorporação desse item, bem como o monitoramento constante e a definição de ações corretivas para a eliminação dos problemas.

Esse princípio pode ser implementado por meio do processo de planejamento e controle da produção à medida que são analisadas as decisões tomadas para a correção de desvios oriundos da coleta de dados do plano de curto prazo. Nesse sentido, deve-se procurar compreender se as decisões tomadas surtiram efeito na produção. Segundo Santos (1999), a identificação das causas dos problemas de produção é muito importante para a garantia do uso eficiente dos recursos disponíveis e a consequente melhoria contínua.

2.7.10 Balanceamento da melhoria dos fluxos com a melhoria das conversões

Segundo Koskela (1992), em qualquer processo de produção, fluxo e conversão, existem diferentes potenciais de melhoria. Assim, quanto maior a complexidade do processo de produção, maior o impacto da melhoria no fluxo, e quanto maiores as perdas associadas ao processo produtivo, mais lucrativa se torna a melhoria dos fluxos em detrimento das conversões (KOSKELA, 1992). Entretanto, as melhorias das conversões e dos fluxos estão intimamente ligadas, visto que melhores fluxos necessitam de menor capacidade de conversão e requerem menor investimento em equipamentos (KOSKELA, 1992). Por outro lado, fluxos mais controláveis tornam mais fácil a implementação de novas tecnologias, as quais podem trazer uma redução da variabilidade. Isatto *et al.* (2000), baseando-se no trabalho de Koskela (1992), salientam que "as melhorias de fluxo têm maior impacto em processos complexos. Em geral, requerem menores investimentos, sendo fortemente recomendadas no início de programas de melhoria. As melhorias no processamento (conversão), por sua vez, são mais vantajosas quando existem perdas inerentes à tecnologia sendo utilizada, e seus efeitos são mais imediatos". Esse princípio deve ser observado durante a etapa de projeto do empreendimento, bem como ao longo da formulação da estratégia de ataque à obra, como forma de facilitar a sua implementação.

2.7.11 Benchmarking

Segundo Isatto *et al.* (2000), "*benchmarking* consiste em um processo de aprendizado a partir das práticas adotadas em outras empresas, tipicamente consideradas líderes em determinado segmento ou aspecto específico da produção". Dessa forma, segundo esse princípio, deve-se procurar analisar e buscar desenvolver os processos levando em conta as melhores práticas existentes no mercado. A aplicação desse princípio contrapõe-se à melhoria contínua ao processo, sendo frequentemente relacionada com a inserção de inovações tecnológicas (KOSKELA, 1992).

Embora o processo de planejamento possa ser beneficiado com esse princípio, verifica-se que ele pode ser implementado à medida que se buscam novos padrões ou formas alternativas de se executarem determinadas operações durante a etapa de preparação do processo.

2.8 Resumo do capítulo

Este capítulo procurou identificar e discutir a forma pela qual o processo de PCP deve ser realizado em uma empresa de construção. Inicialmente, verificou-se que uma forma de se aumentar o desempenho do processo de PCP é por meio da consideração das atividades de fluxo. A consideração dessas últimas atividades faz parte dos conceitos e princípios da *lean construction*, que podem, conforme apresentado, ser implementados mediante o processo de PCP. Nesse caso, buscou-se apresentar esse processo por meio de suas várias etapas constituintes, caracterizando, assim, a dimensão horizontal de planejamento. Procurou-se, ainda, discutir como esse processo pode ser desenvolvido nos níveis de longo, médio e curto prazos, mediante a apresentação da dimensão vertical de planejamento. Percebeu-se, ainda, que o processo está fundamentado na coleta, na preparação e na difusão de informações no ambiente da empresa de construção e canteiro de obras. Assim, uma das formas de intervir na maneira pela qual esse processo é tradicionalmente desenvolvido é atuando de forma direta na melhoria do sistema de informações que o respalda. Nesse sentido, procurou-se identificar fatores que podem influenciar a implementação e o desenvolvimento bem-sucedidos de sistemas de informações. Esses fatores são apresentados no próximo capítulo.

⬢ EXERCÍCIO

2.1 Responda verdadeiro ou falso para as questões seguintes:

( ) Pode-se reduzir variabilidade reduzindo interferências no mesmo local de trabalho, isto é, procurando evitar o trabalho de duas equipes de produção diferentes no mesmo local de trabalho.

( ) Inspeção é uma atividade que ocorre ao longo do processo executivo de uma atividade de forma que, quando a atividade produtiva é finalizada, tem-se a garantia de que ela foi executada conforme especificado, isto é, sem erros. Com isso, evita-se o retrabalho.

( ) Se a incerteza é alta, pode-se diminuir o tamanho dos *buffers* nas atividades do plano.

( ) Fazer *benchmarking* é um princípio da *lean construction* no qual se deve procurar copiar o que se tem de melhor no mercado e implementá-lo da mesma forma que foi copiado na sua empresa.

( ) O planejamento de uma obra é importante porque, com ele, pode-se aumentar a transparência dos processos produtivos.

( ) Quanto mais próxima a data de realização de uma tarefa, mais detalhado deve ser o planejamento para a execução dela.

( ) O plano mestre deve ser sempre impresso com um grande nível de detalhamento.

( ) Dentre as diversas funções do plano de médio prazo, uma de suas principais é a identificação de restrições relacionadas com o desenvolvimento do trabalho.

( ) Na implantação do mecanismo *pull*, os recursos que não foram disponibilizados devem ser identificados antes da identificação da data prevista para a realização das atividades.

( ) Todas as tarefas do plano de médio prazo devem ter seus recursos já disponibilizados na obra.

( ) Atividades de conversão são também denominadas atividades que agregam valor.

( ) Atividades de fluxo de materiais também agregam valor na obra.

( ) A proteção da produção no nível de curto prazo possibilita a redução da variabilidade na execução das tarefas a serem executadas.

( ) Pode-se reduzir tempo de ciclo das atividades diminuindo a parcela das atividades que não agregam valor à obra.

( ) A coleta de informações sobre possíveis alterações de projetos por parte dos clientes pode garantir certa flexibilidade à produção, uma vez que a mudança acaba ocorrendo de forma não planejada.

( ) A integração entre os diferentes níveis de planejamento de obra facilita o controle de todo o processo produtivo.

( ) Quanto maior a complexidade do processo de produção, menor o impacto da melhoria dos fluxos de trabalho no desempenho da obra.

Análise e Implementação de Sistemas de Informação

3.1 Introdução

A implementação bem-sucedida de modernas tecnologias, inovações ou princípios gerenciais é considerada fator essencial para se melhorar a produtividade e a posição competitiva de uma organização (CLEMONS, 1986; BYERS e BLUME, 1994). Desse modo, pesquisadores da área de sistemas de informações gerenciais têm se referido à qualidade do processo de implementação como um dos maiores determinantes para seu sucesso (GINZBERG, 1979; BAROUDI et al., 1986; NUTT, 1998). Alguns trabalhos têm procurado, inclusive, detectar falhas[1] na implementação de determinados sistemas de informação como forma de identificar suas causas principais (GINZBERG, 1981; LYYTINEN, 1988).

Segundo Robey e Farrow (1982), o desenvolvimento de sistemas de informação é um processo que envolve, da mesma maneira, mudanças da ordem técnica e social. De acordo com esses autores, esse processo tem motivado diversos pesquisadores a desenvolver modelos que o expliquem por meio das ciências comportamentais.

De acordo com Joshi (1991), a implantação de inovações gerenciais implica mudanças na organização que, por sua vez, esbarram em problemas culturais. Dessa forma, a empresa deve ser preparada para um processo de mudança. Consequentemente, diversos trabalhos têm sido desenvolvidos para possibilitar a compreensão e o gerenciamento desse processo (JOSHI, 1991).

Como o desenvolvimento de sistemas de planejamento e controle da produção envolve uma quantidade relativamente grande de informações e de agentes intervenientes, procurou-se o embasamento do referencial teórico referente à análise, ao desenvolvimento e à implementação de sistemas de informações. Nesse sentido, as técnicas de análise de sistemas

---

[1] Segundo Laudon e Laudon (2000), existe uma falha em determinado sistema de informação quando este apresenta um desempenho diferente daquele esperado, não é operacionalizável em dado momento no tempo ou não pode ser utilizado da maneira projetada.

podem contribuir para o diagnóstico inicial dos sistemas de PCP de empresas de construção. Esse diagnóstico, por sua vez, serve como ponto de partida para a realização de modificações no sistema atual de PCP da empresa ou ainda para o projeto de um novo sistema de PCP. A base conceitual de desenvolvimento de sistemas de informações será levada em consideração durante o desenvolvimento e a implantação de sistemas de informações como forma de se respaldar a realização deste livro.

Diante do exposto, este capítulo discute questões relativas ao processo de análise, desenvolvimento e implementação de sistemas, considerando sua influência no comportamento organizacional. O capítulo é finalizado com discussões referentes às questões principais que devem ser levadas em consideração durante a implementação: a participação e o envolvimento do usuário no processo e a percepção que esse usuário tem da forma pela qual os resultados serão obtidos.

3.2 A análise de sistemas

Há uma grande quantidade de conceitos de análise[2] de sistemas na literatura pesquisada. Wood (1994) refere-se à análise de sistemas como um meio sistemático de exame de um problema no qual cada etapa do estudo é detalhada o máximo possível. Wetherbe (1987) define análise de sistemas como: "o processo de analisar, projetar, implementar e avaliar sistemas para fornecer informações que apoiem as operações e os processos de tomada de decisão de uma organização".

O surgimento da análise de sistemas data do período pós-grande guerra, denominado fase de reconstrução (meados da década de 1950). Naquele período, os sistemas empresariais estavam se tornando cada vez mais complexos e competitivos (WOOD, 1994). No entanto, havia poucas ferramentas disponíveis no âmbito da análise de sistemas além daquelas próprias da linguagem de programação, com a finalidade de auxiliar o analista na compreensão do funcionamento do sistema (MARTIN; McCLURE, 1991). Ainda segundo esses autores, os métodos de análise de sistemas que surgiam não eram disciplinados e sistematizados, mas amadorísticos. As técnicas estruturadas surgiram, então, com a finalidade de impor disciplina na análise e programação (MARTIN; McCLURE, 1991).

Com o desenvolvimento de métodos de análise, novas oportunidades surgiram para empresas que se situavam nesses ambientes. Não havia mais argumento para não se utilizar a nova ferramenta. Lott (1971) cita alguns motivos para se realizar análise de sistemas:

a   pelo surgimento de *gargalos* em determinada operação, a fim de se compreender seu funcionamento para que se possa atuar no problema;

---

[2] A palavra análise se refere "ao processo de separar as partes de um sistema para facilitar o exame de sua natureza, funções e relações" (WETHERBE, 1987). Segundo Davis (1987), análise é um processo lógico, cujo objetivo não é resolver um problema, mas, a partir de sua identificação, determinar exatamente o que precisa ser feito para resolvê-lo.

b pela mudança das necessidades de informação de algumas entidades ou de toda a empresa, com o intuito de verificar se alguma informação adicional deve ser incluída no sistema e qual é o seu melhor formato;

c pela substituição de um funcionário-chave de um departamento, visando a possibilitar a provisão de informações para um novo funcionário sobre o funcionamento do sistema;

d para cooperação dos funcionários na implementação de um novo sistema, não necessariamente computacional, por meio do trabalho conjunto com as entidades envolvidas, diminuindo a resistência a mudanças durante a implementação do novo sistema;

e pelo estudo do presente sistema, de forma a fornecer subsídios à gerência para justificar alguma inclusão ou modificação nesse sistema;

f para facilitar a implantação de sistemas automatizados;

g para facilitar a identificação de operações deficientes em qualquer tipo de processo.

3.3 Métodos de análise de sistemas

Existem vários métodos de análise de sistemas na literatura, ocorrendo, entretanto, uma semelhança entre eles quanto às suas etapas e às ferramentas que utilizam (WETHERBE, 1987). Em todos os métodos, qualquer que seja a investigação realizada dentro de determinado sistema, deve-se iniciar pelo estabelecimento de um plano, no qual se determina como será feita a investigação, quais os métodos utilizados e o tempo de duração da análise. Após a elaboração do plano, cada departamento que participa do estudo deve ser notificado sobre a forma pela qual ele será conduzido (DANIELS; YEATES, 1971).

O ciclo de desenvolvimento de sistemas, porém, apresenta como etapa inicial a identificação de novas exigências para os sistemas pela gerência (Fig. 3.1). Essa fase é crucial para a análise, pois a determinação exata do problema existente evita desperdício de tempo durante o desenvolvimento do ciclo (KENDALL; KENDALL, 1991). Um exemplo de deficiência no sistema é a excessiva solicitação de um mesmo recurso entre dois departamentos da empresa, ocasionando atraso no trabalho. Para que as causas do problema sejam identificadas, é necessária a realização de uma análise do sistema existente (WETHERBE, 1987).

A partir da identificação das novas exigências, forma-se uma equipe de trabalho, que será responsável pela análise do sistema existente. Essa fase tem como um de seus objetivos detectar deficiências no sistema de informação (WETHERBE, 1987).

Uma vez detectadas as deficiências[3] do sistema, poderão ser projetadas soluções. Essa é a fase das soluções de projeto. O analista utiliza as informações que coletou nas fases anteriores para elaborar um modelo lógico para o sistema de informação (KENDALL; KENDALL, 1991). Nessa fase, torna-se extremamente importante que as melhorias propostas se refiram ao aperfeiçoamento do fluxo de trabalho e/ou das decisões tomadas (WETHERBE, 1987).

---

[3] Segundo Wetherbe (1987), as deficiências nos sistemas de informação podem ser divididas em deficiências de inclusão e/ou de estrutura. As primeiras referem-se *a que* informação, tecnologia e pessoal estão incluídos ou faltam no sistema. As deficiências de estrutura dizem respeito *a como* a informação, a tecnologia e o pessoal estão organizados e inter-relacionados por todo o sistema.

Figura 3.1 Ciclo básico para o desenvolvimento de sistema. Fonte: Adaptada de Wetherbe, 1987.

Definidas as soluções de projeto, estas são apresentadas à gerência para a especificação do novo sistema. São, então, identificados os meios necessários para solucionar os problemas, tais como o pessoal e as tecnologias requeridos (WETHERBE, 1987). Segundo Audy (1991), essa fase apresenta como resultado a especificação do sistema, incluindo as definições para os relatórios, estruturas de dados, arquivos externos, tabelas internas, componentes funcionais e interfaces com outros sistemas. Em linhas gerais, podemos dizer que ela apresenta os componentes do sistema e as interfaces que relacionam esses componentes.

A fase de avaliação e seleção dos melhores meios para as soluções compreende uma consideração cuidadosa das possíveis alternativas para se alcançar as soluções projetadas em uma estrutura custo/benefício. Determinados os melhores meios, o novo sistema é desenvolvido e testado. O resultado dessa fase é a produção de um sistema operável (WETHERBE, 1987).

Desenvolvido e testado o sistema, ele é então implementado. A importância dessa fase está na busca da redução de custos de correções de possíveis deficiências existentes no projeto desenvolvido (KENDALL; KENDALL, 1991). A equipe de trabalho responsável pelo desenvolvimento, juntamente com a gerência da empresa, é que decidirá qual a forma de implementação do novo sistema. Existem duas formas de implementação: a paralela e a discreta. Na primeira, o novo sistema é implementado paralelamente ao antigo e, na segunda, o antigo sistema é encerrado em detrimento do novo (WETHERBE, 1987).

A última fase do ciclo refere-se à avaliação e à manutenção do sistema. Essa etapa inclui o treinamento dos funcionários na utilização do sistema projetado (KENDALL; KENDALL, 1991). Nesse ponto, novas exigências são detectadas, e uma nova análise é inicializada (WETHERBE, 1987).

Em qualquer fase do ciclo, pode-se voltar para as etapas anteriores, visando a uma melhor definição para elas. Desse ponto em diante, o ciclo continua obedecendo ao sentido das setas observadas na Figura 3.1 (WETHERBE, 1987).

3.4 Alguns tipos de dados que podem ser coletados durante a análise de sistemas

Uma vez tomada a decisão de estudar o presente sistema, o analista deve determinar o que ele está pretendendo descobrir, isto é, seus objetivos. Se ele não está procurando algo específico, não há razão para prosseguir com a análise (LOTT, 1971). A definição dos objetivos do estudo é que determinará quais dados serão coletados. O autor cita alguns tipos de dados que são interessantes de se estudar:

a amostras de todos os *inputs* utilizados para determinar a qualidade das decisões a serem tomadas;

b o fluxo de dados entre os vários departamentos, visando a especificar de onde eles vêm, para onde vão e o que é feito com esses dados;

c relatórios preparados pelos vários departamentos, objetivando determinar a forma como os dados são manipulados;

d identificação das pessoas que se adaptam a determinados tipos de trabalhos;

e identificação das funções dos funcionários e em que parte eles preenchem os planos globais da empresa;

f sugestões de melhorias por parte dos funcionários, que conhecem mais sobre suas operações que qualquer outra pessoa;

g medidas do grau de satisfação dos funcionários com o sistema atual.

A análise do fluxo de informações de uma empresa constitui, então, uma das possíveis formas de se analisar um sistema. A Seção 3.5 apresenta o conceito de fluxo de informações, e as Seções 3.6 e 3.7, as diversas técnicas que podem ser utilizadas para auxiliar a análise do fluxo de informações.

3.5 Análise do fluxo de informações

Dentro de qualquer organização há um constante fluxo de informações.[4] Isso é percebido quando se analisam as várias entidades da empresa. O método normalmente utilizado pelo analista de sistemas para identificar quais as informações requeridas por cada entidade e onde elas são obtidas é chamado de *análise do fluxo de informações* (BURCH; STRATER, 1974). Com a utilização de técnicas de coleta de dados sobre o funcionamento do sistema da empresa estudada, pode-se modelar o seu fluxo de informações. Com a visualização desse

---

[4] Neste livro define-se fluxo de informações como o ato ou modo de a informação fluir dentro da organização.

funcionamento, que é representado por um modelo gráfico, o analista pode identificar deficiências existentes no sistema atual. Para que as deficiências sejam encontradas, é necessário que o agente responsável pela condução dos estudos tenha parâmetros de comparação entre o sistema que está sendo analisado e outros sistemas. Esses parâmetros podem ser estabelecidos pelos funcionários da empresa, por meio de referenciais teóricos existentes na literatura ou pelo conhecimento do funcionamento de outros sistemas.

3.6 Técnicas de coleta de dados para a modelagem de sistemas

Existem várias formas de coleta de dados que auxiliam a modelagem do fluxo de informações: entrevistas, questionários, observações e análise de documentos (AUDY, 1991; BARTON, 1985; DANIELS e YEATES, 1971; DAVIS, 1987; KENDALL e KENDALL, 1991; WETHERBE, 1987; YOURDON, 1992). A escolha das técnicas é realizada pelo analista de sistemas e depende do ambiente no qual a coleta está inserida (DANIELS; YEATES, 1971).

3.6.1 Entrevista

A entrevista é o meio mais produtivo de obtenção de informações durante a coleta de dados, e, mais cedo ou mais tarde, o responsável pelo andamento dos trabalhos terá que utilizá-la (DAVIS, 1987). O uso de entrevistas em um sistema de trabalho[5] apresenta dois objetivos (DANIELS; YEATES, 1971):

a habilitar o entrevistador na descoberta e na compreensão de fatos inerentes ao funcionamento do sistema;
b proporcionar uma oportunidade de encontrar e superar resistências.

A principal desvantagem da entrevista é que o cotidiano do escritório quanto à transmissão de informação não é modelado. Isso é explicado pelo fato de o entrevistado não se lembrar de todas as informações com que lidou no dia, pois é capaz de descrevê-las apenas de forma genérica.

Kendall e Kendall (1991) apresentam seis etapas necessárias para a preparação da entrevista:

a compreensão do funcionamento do sistema;
b estabelecimento dos objetivos da entrevista;
c seleção dos entrevistados;
d preparação do entrevistado;
e seleção do tipo de perguntas;
f definição da estrutura das perguntas.

---

[5] Como exemplo de um sistema de trabalho pode-se citar um escritório de uma empresa.

Durante a realização da entrevista, deve-se evitar ambientes abertos, sem nenhuma privacidade. Há a possibilidade de os demais funcionários que trabalham no mesmo recinto ouvirem o que está acontecendo. Isso tende a aumentar o risco de se encontrar resistência tanto por parte do entrevistado como de outras pessoas que serão posteriormente entrevistadas (DANIELS; YEATES, 1971). Recomenda-se, então, realizar a entrevista em ambiente privativo, como por exemplo uma sala de reuniões.

No início da entrevista, deve-se explicar a razão da visita e, se possível, mencionar o método que se está seguindo para se alcançarem os resultados, além de se considerar os seguintes detalhes (DANIELS; YEATES, 1971):

a palavras usadas: recomenda-se usar termos simples, evitando-se palavras que não são utilizadas no ambiente de trabalho. O entrevistador deve repetir essas palavras usando diferentes termos até chegar a uma definição mais compreensível ao entrevistado;

b ambiente: aconselha-se criar um ambiente em que o entrevistado se sinta bem, e, se necessário, recomenda-se citar que a ajuda desse funcionário é fundamental para evitar desperdício de tempo e melhorar a produtividade dos serviços;

c opiniões: o entrevistador jamais deve criticar o *staff*, evitando qualquer tipo de opinião que venha diminuir o senso de importância que o entrevistado possui de seu trabalho.

3.6.2 Questionário

O uso do questionário só é recomendado quando o responsável pelo andamento dos trabalhos tem conhecimento pleno do processo e necessita de algumas respostas para validação de hipóteses que tenham sido estabelecidas no início do estudo. Recomenda-se que seja aplicado quando há necessidade de se coletar um pequeno número de informações de um grande número de pessoas (DANIELS; YEATES, 1971).

Segundo Kendall e Kendall (1991), o uso de questionários permite a recompilação de informações que possibilitem aos analistas de sistemas determinar opiniões, posturas, condutas e características das diversas pessoas-chave de uma organização. As respostas que se obtêm podem ser quantificadas e analisadas de maneiras distintas. Com o uso de questionários, o analista pode, também, quantificar os resultados de uma entrevista, facilitando, assim, a análise dos dados.

3.6.3 Observação

As observações constituem-se em uma técnica de coleta de dados que geralmente não é estruturada nem planejada, mas é baseada no bom senso (Furlan, 1991). Não devem ser confundidas com técnicas estatísticas de amostragem, cujos critérios são muito semelhantes (DANIELS; YEATES, 1971). Durante a realização das observações, há a possibilidade de uma interpretação errônea por parte dos funcionários em relação aos motivos pelos quais estão sendo observados. A percepção de que estão sendo fiscalizados pode ocasionar uma modificação de suas ações, provocando, assim, a obtenção de dados errôneos para o estudo.

40 Capítulo 3

Essas modificações surgem apenas nos primeiros momentos da observação ou quando não forem esclarecidos aos funcionários os objetivos do trabalho. Ao se analisar o ambiente de trabalho de uma empresa, entretanto, recomenda-se examinar os elementos físicos do local de trabalho, buscando explicar sua influência na conduta do tomador de decisões (KENDALL; KENDALL, 1991).

3.6.4 Análise de documentos

A análise de documentos possibilita um contato com as informações formais que estão circulando pela empresa. O estudo desses documentos possibilita a melhoria de seu leiaute, além da inclusão ou exclusão de algumas informações que suportem a tomada de decisões (DANIELS; YEATES, 1971).

Segundo Kendall e Kendall (1991), esse estudo é necessário para que o analista compreenda a relevância desses documentos dentro da organização. Geralmente, as empresas que apresentam um bom acervo de documentos tendem a ser mais rígidas que aquelas que operam com um mínimo de documentação, haja vista que a documentação facilita o desenvolvimento de um sistema de controle.

3.7 Técnicas de diagramação

As principais ferramentas existentes no contexto da análise de sistemas que permitem uma visualização do funcionamento do sistema que se está estudando são conhecidas como *técnicas de diagramação*. Kendall e Kendall (1991) citam que a modelagem do sistema por meio da diagramação permite uma visualização de seu funcionamento. Essa modelagem é realizada mediante os dados coletados sobre o sistema que se está analisando, sendo utilizada, para tanto, uma das técnicas já apresentadas neste trabalho ou uma combinação delas (Seção 3.6). Martin e McClure (1991) citam que os diagramas utilizados para desenhar processos são uma forma de linguagem e, quando várias pessoas trabalham em um sistema, são uma importante ferramenta de comunicação.

As técnicas de diagramação apresentam muitas funções (MARTIN; MCCLURE, 1991), porém podem-se citar as mais importantes no desenvolvimento do sistema de planejamento e controle da produção da empresa de construção:

a   possibilitar uma comunicação precisa entre os membros da equipe de desenvolvimento do sistema;
b   fornecer condições aos usuários finais para esboçar suas necessidades com clareza;
c   auxiliar a efetuar mudanças nos sistemas.

Segundo Kendall e Kendall (1991), a técnica principal que permite a análise do fluxo de informações é o diagrama de fluxo de dados (DFD). Na literatura, existe consenso quanto ao significado do termo *diagrama de fluxo de dados*.

3.7.1 Diagrama de fluxo de dados (DFD): ferramenta para modelagem do fluxo de informações

Os diagramas de fluxo de dados representam uma visão mais ampla das entradas e saídas do sistema, além de seus processos. Não representam aspectos físicos do sistema, como, por exemplo, a especificação do meio utilizado para o armazenamento dos dados. Segundo Martin e McClure (1991), um diagrama de fluxo de dados pode ser definido como "uma representação em rede dos processos (funções ou procedimentos) de um sistema e dos dados que ligam esses processos. Mostra o que um sistema/procedimento faz, mas não como faz. É a ferramenta principal de modelagem da análise estruturada, e é usada para dividir o sistema em uma hierarquia de processos".

A utilização do diagrama de fluxo de dados pode ser justificada por três motivos principais (KENDALL; KENDALL, 1991):

a apresenta apenas quatro símbolos básicos para seu traçado, facilitando, assim, sua compreensão;
b permite a compreensão dos relacionamentos dos subsistemas existentes na organização;
c facilita a comunicação do analista com os funcionários da empresa, visto que, mediante a visualização, os funcionários podem criticá-lo e corrigi-lo.

Para o traçado do diagrama existem quatro símbolos básicos, apresentados na Figura 3.2. Percebe-se que cada autor apresenta esses símbolos de forma particular (MARTIN; MC-CLURE, 1991). No entanto, neste livro será adotada a representação de Kendall e Kendall (1991).

Figura 3.2 Símbolos utilizados no traçado do diagrama de fluxo de dados. Fonte: Adaptada de Kendall e Kendall, 1991.

O retângulo representa uma entidade externa (uma empresa, uma pessoa ou um departamento) que fornece e recebe dados do sistema. Essa entidade externa denomina-se também *fonte* ou *destino dos dados*.

A seta representa o movimento dos dados de um ponto a outro. O fluxo de informação que ocorre de maneira simultânea pode ser representado por meio de setas paralelas. Cada seta deve ser definida com um nome apropriado correspondente ao fluxo de dados.

O retângulo com vértices arredondados é usado para indicar a existência de um processo de transformação de dados. Os processos sempre denotam transformação de dados, e, por consequência, o fluxo de informação que sai tem um nome diferente daquele que possuía ao entrar.

Um retângulo aberto em um de seus lados representa o armazenamento de informações. Simboliza um depósito de dados que permite a adição e o acesso aos dados.

A Figura 3.3 apresenta um exemplo de diagrama de fluxo de dados. Segundo esse diagrama, o departamento de planejamento de uma construtora coleta os dados sobre o andamento dos serviços de suas obras por meio da utilização do cartão de produção.[6] Essa informação alimenta o processo de cálculo dos índices, realizado pelo próprio encarregado do planejamento. Após o processamento, serão obtidos índices de produtividade que alimentarão outro processo, o de desenho de um histograma de acompanhamento. Os novos índices coletados são enviados a um banco de dados, que é acessado para pesquisa de índices de períodos passados. Os histogramas desenhados são enviados para a diretoria da construtora, que é responsável pela tomada de decisão, caso venha a ocorrer alguma discrepância.

Segundo Kendall e Kendall (1991), à medida que o analista elabora um diagrama de fluxo de dados com níveis sucessivos de detalhes,[7] a repetição dos quatro símbolos pode provocar uma incompreensão na sua leitura. Dessa forma, objetivando simplificar, existe uma série de convenções que podem ser utilizadas, conforme as Figuras 3.4 e 3.5. A Figura 3.4 apresenta um diagrama de fluxo de dados cujo processo 2 é subdividido nos subprocessos 1 e 2. A subdivisão desse processo encontra-se na Figura 3.5.

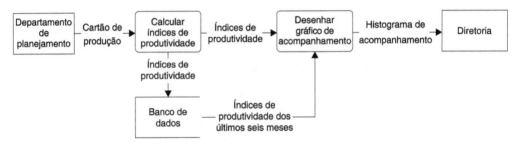

Figura 3.3 Exemplo de diagrama de fluxo de dados.

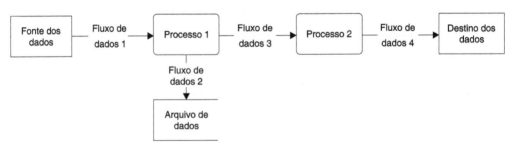

Figura 3.4 Nível 1 do diagrama de fluxo de dados. Fonte: Adaptada de Kendall e Kendall, 1991.

---

[6] O cartão de produção permite o cálculo e o estudo da produtividade da mão de obra (m^2/dia, por exemplo) em determinada atividade. Para obter mais detalhes, ver Santos (1995).
[7] Quando um DFD apresenta diversos processos que podem ser agrupados em um único, diz-se que ele apresenta níveis sucessivos de detalhes.

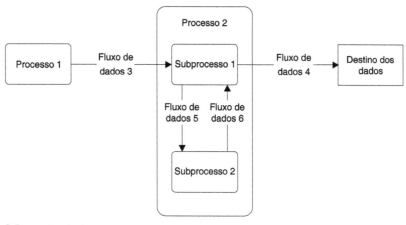

Figura 3.5 Nível 2 do diagrama de fluxo de dados. Fonte: Adaptada de Kendall e Kendall, 1991.

3.7.2 Dicionário de dados: especificação do DFD

O dicionário de dados é uma referência dos dados utilizados no DFD com o intuito de servir de guia durante a análise e o projeto do sistema. Segundo Martin e McClure (1991), o dicionário de dados "é um conjunto de definições formais de todos os dados que aparecem como fluxos ou depósitos de dados nos diagramas de fluxo de dados". Deve conter uma descrição detalhada de cada dado, bem como sua origem e destino. Segundo Davis (1987), o dicionário de dados tem como objetivo fornecer informações sobre a definição, a estrutura e a utilização dos dados envolvidos. Para o diagrama de fluxo de dados da Figura 3.3, apresenta-se o dicionário de dados correspondente à Tabela 3.1.

Tabela 3.1 Exemplo de dicionário de dados do DFD mostrado na Figura 3.2

NOME	DESCRIÇÃO	ORIGEM	DESTINO
Cartão de produção	Dados coletados no canteiro de obras referentes às quantidades executadas de serviços e horas de mão de obra gastas para executá-las	Departamento de Planejamento	Departamento de Planejamento
Índices de produtividade	Dados do cartão de produção já processados e compilados na relação homens/horas trabalhadas e a quantidade de serviço executada (m^2 ou m^3, por exemplo)	Departamento de Planejamento	Departamento de Planejamento
Índices de produtividade dos últimos seis meses	Índices de produtividade dos últimos seis meses arquivados em um banco de dados	Departamento de Planejamento	Departamento de Planejamento

(*continua*)

44 Capítulo 3

Tabela 3.1 Exemplo de dicionário de dados do DFD mostrado na Figura 3.2 (*continuação*)

NOME	DESCRIÇÃO	ORIGEM	DESTINO
Histograma de acompanhamento	Gráfico que apresenta uma comparação dos índices de produtividade da mão de obra nos últimos seis meses com os últimos índices coletados pelo Departamento de Planejamento	Departamento de Planejamento	Diretoria

3.8 Principais causas de falhas na implementação de sistemas de informação

Segundo Laudon e Laudon (2000), os problemas que causam falhas nos sistemas de informação são provenientes de quatro áreas principais:

a **projeto**: nessa área, a falha pode ocorrer na medida em que os requisitos essenciais à melhoria do desempenho organizacional não são contemplados de maneira adequada. Por meio de deficiências no projeto, a informação gerada pelo sistema pode não estar disponível no momento necessário ou estar apresentada em um formato cuja leitura seja de difícil compreensão;

b **dados**: em geral, os problemas acontecem nessa área quando os dados do sistema apresentam um alto nível de imprecisão ou inconsistência. A informação proveniente da análise desses dados é, então, considerada ambígua, não servindo para o processo decisório;

c **custos**: as falhas oriundas dessa área são percebidas, normalmente, no momento em que os gastos de desenvolvimento e implantação superam o planejado. Desse modo, deve-se verificar se o desempenho alcançado pelo sistema é compatível com os custos de operacionalização do mesmo;

d **operações**: nessa área, o sistema não executa as tarefas programadas de acordo com o esperado. Assim, a informação não é disponibilizada em tempo hábil ou de maneira eficiente porque o canal de transmissão (computador ou pessoa responsável pela transmissão) apresentou algum problema.

Ainda de acordo com Laudon e Laudon (2000), nessas áreas, o sucesso da implementação está vinculado ao desenvolvimento dos seguintes fatores:

a **papel do usuário no processo de implementação**: se os usuários são envolvidos no projeto do novo sistema, eles têm mais oportunidades de moldar o novo sistema de acordo com suas necessidades, podendo, inclusive, reagir de maneira positiva à implementação (Ginzberg, 1981);

b **grau de comprometimento da alta gerência durante o processo de desenvolvimento e implementação**: se a alta gerência mostra-se comprometida com o processo, os funcionários envolvidos tendem a considerar o sistema importante, visto que existe a percepção de que seus esforços poderão ser recompensados futuramente;

c **nível de complexidade do projeto**: o sucesso da implementação depende do tamanho do projeto e da maneira pela qual ele está estruturado, como também da experiência da empresa com a implementação de inovações similares. Quanto maior o tamanho do projeto, maior a probabilidade de falha na implementação do sistema. Entretanto, na medida em que o projeto é desenvolvido de maneira mais estruturada e a empresa já participou de processo similar, torna-se mais fácil a implementação do mesmo;

d **qualidade do gerenciamento do processo de implementação**: o processo de implementação deve ser cuidadosamente gerenciado. Assim, os agentes responsáveis pelo processo devem discutir requisitos conflitantes com os envolvidos, bem como assegurar que os usuários do novo sistema se sintam confortáveis com a sua utilização.

Contudo, para diminuir o risco de falhas de um sistema de informações, as empresas necessitam ser capazes de realizar previsões mais confiáveis dos possíveis resultados propiciados por ele. Nesse caso, a identificação das expectativas dos usuários, nos estágios de desenvolvimento do projeto do sistema, pode resultar em mudanças que são decisivas para um processo de implantação bem-sucedido (Szajna; Scamell, 1993).

Sendo assim, uma das principais causas de falha na implantação de um sistema refere-se à sua inabilidade em não corresponder às expectativas de seus usuários diretos e indiretos (analista de sistema, usuário final, fornecedores, clientes, entre outros). Dessa forma, a expectativa dos usuários pode ser definida como um conjunto de crenças das pessoas envolvidas, sobre os seus desempenhos, e do sistema, relativas ao momento de sua utilização (Szajna; Scamell, 1993).

A função dos recursos humanos pode ser considerada, dessa forma, uma das mais importantes na melhoria do desempenho da empresa (Barney; Wright, 1998). Assim, na medida em que a empresa investe no aprimoramento de seus recursos humanos, é bem provável que ela acabe se diferenciando no mercado.

Nesse sentido, nas seções a seguir discute-se o papel dos recursos humanos no desenvolvimento e na implementação de sistemas por meio de dois fatores principais: a participação e o envolvimento do usuário no desenvolvimento e sua percepção dos resultados propiciados por esse processo. Esses fatores foram escolhidos por haver certa unanimidade na literatura pesquisada de que eles têm influência acentuada nos resultados do sistema implementado (Robey e Farrow, 1982; Ives e Olson, 1984; Doll e Torkzadeh, 1989; Szajna e Scamell, 1993; Barki e Hartiwick, 1994; Hartwick e Barki, 1994; McKeen *et al.*, 1994; Cavaye, 1995; Hunton e Beeler, 1997).

46 Capítulo 3

3.8.1 Participação e envolvimento do usuário no processo de desenvolvimento e implementação de sistemas

A participação do usuário no desenvolvimento e na implementação do sistema é normalmente encorajada para assegurar que seus requisitos sejam atendidos, facilitar seu comprometimento e evitar, dessa forma, possíveis resistências (CAVAYE, 1995). Nesse caso, percebe-se que, em muitas pesquisas, tem-se encontrado uma correlação positiva entre sucesso da implementação e participação do usuário (HWANG; THORN, 1999).

Porém, uma razão para a resistência à mudança reside na falta de comunicação existente no ambiente da empresa. O simples fato de os funcionários não serem comunicados sobre os passos preconizados para a implantação das melhorias pode ser a causa de uma atitude de resistência (KANTER, 1984).

Segundo Mayfield *et al.* (1998), inúmeras pesquisas na área de gerenciamento de recursos humanos têm detectado a influência das habilidades de comunicação oral de um líder nos resultados bem-sucedidos de uma organização. Essas pesquisas relacionam a maneira como o líder se comunica como um fator-chave para se aumentar a motivação do trabalhador.

Dessa maneira, uma das razões mais comuns para o fracasso de um processo de mudança é a presença de rumores negativos ou imprecisos. Frequentemente, a causa direta da origem desses rumores é a inabilidade da gerência em proporcionar aos funcionários, em tempo hábil, as informações necessárias sobre a mudança (RICHARDSON; DENTON, 1996).

Um dos trabalhos que se destacam nessa área é o desenvolvimento da teoria da motivação por meio da linguagem (MLT – *Motivation Language Theory*), de Sulivan (1998),[8] citado por Mayfield *et al.* (1998). Segundo essa teoria, existem três tipos de ações responsáveis pelo aumento da motivação:

a **redução da incerteza associada às tarefas do funcionário**: nesse sentido, tanto o desempenho como a satisfação do empregado aumentam à medida que essa ação ocorre (SULIVAN [1988], *apud* MAYFIELD *et al.*, 1998);

b **reconhecimento do trabalho do funcionário**: essa forma de ação ocorre, por exemplo, quando um gerente parabeniza um empregado por uma atividade bem executada;

c **instrução do funcionário sobre aspectos culturais, estruturais e organizacionais da empresa**: esse tipo de ação auxilia o funcionário a compreender as normas e rotinas existentes na empresa (COOKE; ROUSSEAU [1988], *apud* MAYFIELD *et al.*, 1998).

Com o objetivo de operacionalizar essa teoria, Mayfield *et al.* (1998) conduziram uma pesquisa visando a confirmar as relações da comunicação utilizada pelos líderes com a motivação de seus subordinados. O estudo concluiu que a MLT estava correlacionada de forma

---

[8] SULIVAN, J. Three Roles of Language in Motivation Theory. *Academy of Management Review*. Vol. 13, pp. 104-115, 1988.

positiva com melhores resultados de trabalho, bem como com o aumento do desempenho e da satisfação no trabalho.

Em busca de respostas sobre a relação entre satisfação e participação do usuário, McKeen *et al.* (1994) realizaram uma pesquisa baseada na análise de 151 projetos de desenvolvimento de sistemas de informação e que foram estudados sob a ótica de quatro variáveis básicas: complexidade da tarefa, complexidade do sistema, influência do usuário e comunicação usuário-desenvolvedor. Segundo esses autores, a complexidade da tarefa se origina no ambiente do usuário e se refere, entre outros fatores, à definição das funções do usuário no novo sistema e de como seu trabalho estará vinculado ao dos demais. A complexidade do sistema surge, por sua vez, no ambiente do desenvolvedor e está relacionada com a incerteza ligada à definição do método de desenvolvimento do sistema que melhor se ajuste ao processo ou, ainda, ao grau de interação que deverá ser mantido entre os demais sistemas da empresa. O nível de complexidade da tarefa, porém, não determina o nível de complexidade do sistema. Segundo Blili *et al.* (1998), à medida que os usuários percebem que suas tarefas possuem um alto nível de complexidade, mais ações são realizadas a fim de minorar a incerteza associada, ocorrendo assim um maior envolvimento na implementação do sistema.

Entretanto, existem diferenças básicas entre envolvimento e participação do usuário no desenvolvimento do sistema. De acordo com Hartwick e Barki (1994), a participação do usuário está intimamente ligada ao seu comportamento em relação às atividades que ele realiza durante o desenvolvimento do sistema. O envolvimento, no entanto, relaciona-se com o seu estado psicológico, sendo demonstrado por meio da crença de que o sistema é importante para a organização e seu trabalho específico (BARKI; HARTWICK, 1994).

Nesse caso, analisando especificamente os usuários envolvidos, pode-se ter o envolvimento tanto daqueles relacionados diretamente com os sistemas como daqueles que apresentam uma vinculação indireta. Esses últimos fornecem dados ou recebem informações oriundas do sistema operacionalizado pelos usuários diretos (IVES; OLSON, 1984).

Segundo Ives e Olson (1984), existem pelo menos dois fatores que podem afetar o envolvimento do usuário. O primeiro fator se refere ao tipo de sistema que está sendo desenvolvido. Isso significa que, para determinados tipos de sistemas, o envolvimento do usuário é mais importante do que para outros. Assim, em sistemas que exigem uma considerável experiência técnica ou naqueles em que os seus produtos são imperceptíveis para os usuários, a participação do usuário não é tida como crucial no desenvolvimento. Outros sistemas podem, inclusive, estar tão bem estruturados e definidos que o envolvimento do usuário não influencia sequer a qualidade do sistema, embora a participação do mesmo seja importante para sua aceitabilidade. O envolvimento do usuário é considerado essencial quando as informações necessárias para o desenvolvimento do sistema podem apenas ser obtidas do usuário (IVES; OLSON, 1984). O desenvolvimento dos sistemas de suporte a decisões (DSS – *Decision Support System*), por exemplo, exige participação dos usuários no desenvolvimento, pelas informações que necessitam ser obtidas dos mesmos. Além disso, a aceitação é uma questão crítica para a utilização do sistema (IVES; OLSON, 1984).

O segundo fator apontado por Ives e Olson (1984) refere-se ao estágio do processo de desenvolvimento e implantação do sistema no qual é importante a participação do usuário. Nesse caso, o envolvimento deve ocorrer na etapa de definição do sistema, visto que os objetivos e o funcionamento do sistema são determinados nessa etapa (IVES; OLSON, 1984).

McKeen *et al.* (1994) identificaram que, nos casos em que o envolvimento dos usuários é baixo, a participação do usuário no desenvolvimento não implica necessariamente satisfação do mesmo. Porém, quando o envolvimento é maior, ocorre uma correlação direta da participação com a satisfação.

Outra conclusão importante do estudo de McKeen *et al.* (1994) se refere ao grau de influência do usuário e da comunicação usuário-desenvolvedor. Segundo esses pesquisadores, independentemente do nível de participação do usuário, à medida que o grau de influência do usuário e a comunicação usuário-desenvolvedor aumentam, o grau de satisfação do usuário com o sistema também aumenta.

Evidências similares são apontadas também na teoria da implementação da mudança organizacional planejada (GINZBERG, 1979). De acordo com essa teoria, o sucesso, isto é, o atendimento e o uso efetivo do sistema de informação desenvolvido são considerados dependentes da qualidade do processo de implementação (GINZBERG, 1979). Nesse sentido, a participação é considerada um meio para modificar as atitudes que levam à mudança organizacional. O envolvimento, nesse caso, é percebido como necessário, porém não é tido como uma condição suficiente para que haja diminuição da resistência e aumento da aceitação da mudança (IVES; OLSON, 1984).

Sendo assim, conforme se pode perceber, tanto o envolvimento quanto a participação dos usuários são essenciais para um processo de implementação bem-sucedido do sistema desenvolvido. A utilização de estratégias, por parte do responsável por esse processo, que levem em conta esses dois fatores pode, dessa forma, contribuir para minorar resistências dentro da empresa.

3.8.2 Percepção do usuário sobre o processo de implementação

A introdução de uma mudança no ambiente da empresa pode modificar as informações que determinado usuário necessita receber, bem como os próprios documentos por ele gerados (JOSHI, 1991). Assim, durante o processo de mudança, se o usuário percebe que a sua contribuição para o desenvolvimento dos negócios diminuiu, ou que os benefícios obtidos são inferiores em relação aos dos demais funcionários, é muito provável que ocorra desmotivação no ambiente de trabalho (JOSHI, 1991). Dessa forma, é importante que sejam identificadas as diversas maneiras que determinado usuário pode empregar para comparar sua função com a dos demais no novo sistema.

Segundo alguns pesquisadores (IVES *et al.*, 1983; SPENCE e TSAI, 1997), a satisfação para o usuário ocorre quando o sistema implementado corresponde às suas expectativas. Nesse sentido, expectativas não realistas podem estar fundamentadas nas seguintes causas:

a pouca interação do analista com o usuário do sistema (Ginzberg, 1981);
b dissonância do sistema prometido pelo analista com a capacidade da empresa (Doll; Ahmed [1983],[9] *apud* Szana; Scamel, 1993);
c falta de envolvimento da alta gerência (Anderson [1978],[10] *apud* Szana; Scamel, 1993);
d falta de compreensão, por parte dos analistas, sobre a função do sistema na empresa (Anderson [1978], *apud* Szana; Scamel, 1993);
e experiências passadas malsucedidas na área de implantação de sistemas de informação (Lyytnenn, 1988);
f inexperiência no uso de sistemas de informação pelos usuários (Lyytnenn, 1988);
g falta de educação formal dos usuários (Lyytnenn, 1988).

Segundo Joshi (1991), um usuário pode avaliar o provável impacto da implementação por meio de uma comparação das alterações nos resultados propiciados por seu trabalho e das entradas necessárias para operar o novo sistema (*inputs*). A Tabela 3.2 apresenta algumas dessas possíveis alterações.

Ainda segundo Joshi (1991), os usuários que participam da implementação, em geral, têm a percepção de que deveriam compartilhar claramente dos benefícios gerados pelo sistema. Esse autor sugere algumas ações que podem minimizar os efeitos negativos do desbalanceamento entre os resultados e as entradas:

a programas de treinamento bem desenvolvidos de forma a reduzir o esforço de aprendizagem e a frustração (Joshi, 1991; Wiedenbeck *et al.*, 1995);
b equipes temporárias para apoiar o desenvolvimento das atividades ou auxiliar os usuários durante a realização do trabalho;
c premiações por melhoria no desempenho;
d ênfase no aprendizado de uma nova habilidade;
e ênfase no *status* e no prestígio de se trabalhar em um ambiente moderno;
f procedimentos claros que mostrem como se dará a participação do usuário.

Com relação aos programas de treinamento, Beer *et al.* (1990) citam que eles podem levar ao aumento da frustração, à medida que os seus participantes percebem que os conhecimentos adquiridos não podem ser aplicados. Dessa forma, o programa acaba sendo visto como desnecessário e tendo como único resultado a perda de tempo (Beer *et al.*, 1990). As principais causas para esse problema residem no desenvolvimento ineficaz do programa, que não identificou as reais necessidades do usuário do novo sistema (Nelson *et al.*, 1995).

Locke e Schweiger (1979),[11] citados por Doll e Torkzadeh (1989), desenvolveram um modelo que explica, em bases psicológicas, os efeitos da participação do usuário em sua satisfação e produtividade. Esse modelo descreve três mecanismos psicológicos (aumento

---

[9] Doll, W.; Ahmed, M. Managing User Expectations. *Journal of Systems Management*. Vol. 34, n. 6, pp. 6-11, June, 1973.
[10] Anderson, W. The Expectation Gap. *Journal of Systems Management*. Vol. 29, n. 6, June, pp. 6-10, 1978.
[11] Locke, E.; Schweiger, D. Participation in Decision-Making: One More Look. *Organizational Behavior*, v. 1, pp. 265-339, 1979.

50 Capítulo 3

Tabela 3.2 Alterações dos resultados e entradas propiciadas pela implementação de um novo sistema de informações

AUMENTO DOS RESULTADOS	AUMENTO DAS ENTRADAS
• Ambiente de trabalho mais agradável • Menor tensão, maior satisfação no trabalho • Maiores oportunidades de progressão • Melhor serviço para os clientes • Reconhecimento • Aumento de salário, crescimento gradual • Aumento de poder e influência • Aprendizagem de uma nova habilidade • Redução da dependência dos outros • Utilidade do novo sistema	• Maior trabalho na entrada de dados • Maior tensão • Necessidade de experiência prévia • Esforço no aprendizado do novo sistema • Designação de novas tarefas • Maior esforço no desenvolvimento das tarefas em vista de um aumento no monitoramento • Necessidade de se gastar mais tempo para desenvolver o trabalho • Medo do desconhecido e resultante ansiedade
DIMINUIÇÃO DOS RESULTADOS	**DIMINUIÇÃO DAS ENTRADAS**
• Redução da satisfação no trabalho • Redução de poder • Redução do poder de barganha do usuário com os demais funcionários • Ameaça de perda do emprego • Desuso de uma habilidade existente • Redução da importância e do controle • Aumento do monitoramento • Redução das chances de progressão • Maior conflito e ambiguidade • Falha no aprendizado e na adoção do novo sistema	• Facilidade de utilização • Menos esforço para entrada dos dados • Redução da busca por soluções ou por informações • Redução do esforço manual para entrada de dados • Menos retrabalho em função da existência de poucos erros

Fonte: Adaptada de Joshi, 1991.

do valor obtido, fatores cognitivos e motivacionais) por meio do quais podem-se obter benefícios à implantação de um sistema de informações. Na obtenção de valor, os indivíduos realizam uma comparação de seus interesses e desejos com o que eles podem adquirir com suas participações no processo de desenvolvimento e implantação. No caso de o sistema não proporcionar o atendimento dos anseios de seus usuários, então é muito provável que seja gerada insatisfação (DOLL; TORKZADEH, 1989). Já os mecanismos cognitivos se referem aos efeitos que o aumento da informação, o conhecimento, a compreensão e a criatividade podem propiciar na redução de problemas organizacionais. Por sua vez, os mecanismos motivacionais reduzem a resistência à mudança e aumentam a aceitação e o comprometimento para ela (DOLL; TORKZADEH, 1989).

O modelo preconiza ainda que, para se obter satisfação por parte do usuário final com a utilização do sistema que será implementado, é necessário levar em consideração o valor obtido para os usuários do novo sistema, os fatores cognitivos e os motivacionais.

O valor obtido não afeta a satisfação do usuário diretamente, já que isso ocorre por meio do aumento do moral e da satisfação pelo trabalho. Os fatores cognitivos propiciam maior satisfação do usuário final na medida em que eles possibilitam o desenvolvimento de um melhor projeto e a utilização do sistema ora desenvolvido. Os fatores motivacionais, por sua vez, contribuem para o aumento da satisfação por meio da redução da resistência ao novo sistema e do aumento do comprometimento de todos os envolvidos.

Nesse contexto, a maneira mais efetiva de se modificar o comportamento das pessoas é mediante sua inserção em um novo contexto organizacional que possua novas regras, responsabilidades e relacionamentos (BEER *et al.*, 1990). Uma forma de se estabelecer um ambiente favorável ao sucesso da implementação da mudança é por meio de um time de trabalho que esteja propenso a identificar novas alternativas para o desenvolvimento dos processos gerenciais e produtivos de uma empresa (BEER *et al.*, 1990).

3.9 Resumo do capítulo

Este capítulo apresentou uma base conceitual para a realização da análise de sistemas de planejamento e controle da produção, bem como os fatores que influenciam o sucesso do processo de desenvolvimento e implementação de sistemas. A base conceitual apresentada foi utilizada na análise e no desenvolvimento de sistemas de planejamento e controle da produção de diversas empresas de construção do estado do Rio Grande do Sul. Os elementos constituintes dessa base aparecerão ao longo dos demais capítulos deste livro.

EXERCÍCIOS

3.1 Cite ao menos três motivos para aplicar métodos de análise de sistemas para diagnosticar processos de planejamento e controle de obras de construção civil.

3.2 Quais tipos de dados podem ser utilizados como base para a realização de uma análise do planejamento e controle de obras?

3.3 Tendo por base a Seção 3.7.1 do livro e a Figura 3.3, desenhe um diagrama de fluxo de dados simplificados para a utilização de um sistema computacional que possibilite elaborar o cronograma geral da obra. Para praticar, tente utilizar todos os símbolos da Figura 3.2. Caso não tenha conhecimento ou experiência no assunto, tente desenvolver esse exercício em grupo fazendo analogias com sistemas computacionais similares.

3.4 Qual a função do dicionário de dados de um DFD?

3.5 Em grupo, cite uma causa de falha na implementação de sistemas de informação para planejamento de obras e discorra sobre a mesma, indicando possíveis meios de solucioná-la.

Caracterização de Sistemas de Planejamento e Controle da Produção de Empresas de Construção

4.1 Introdução

Este capítulo apresenta uma caracterização geral de sistemas de planejamento e controle da produção de empresas de construção. A caracterização tem como objetivo a explicitação de deficiências normalmente encontradas nos sistemas utilizados por empresas de construção, a fim de permitir a definição de ações que possibilitem a minimização ou a eliminação dessas deficiências.

Nesse sentido, o capítulo se inicia com uma caracterização dos sistemas de planejamento normalmente utilizados por empresas de construção civil. Em seguida, são discutidas as deficiências encontradas nos sistemas supracitados, e, finalmente, é apresentado um conjunto de ações necessárias à melhoria deles.

4.2 Caracterização dos sistemas de planejamento e controle da produção de empresas de construção

As empresas de construção possuem características distintas quanto à sua área de atuação no mercado, número de funcionários, sistemas computacionais utilizados, entre outros. Porém, costumam desenvolver seus processos de PCP de maneira relativamente similar. Sendo assim, a caracterização apresentada nesta seção procura apresentar algumas das principais semelhanças na forma pela qual o processo é desenvolvido em empresas de construção. Essa caracterização será resumida na apresentação de um diagrama de fluxo de dados genérico, representativo de grande parte das empresas de construção. Esse diagrama é apresentado na

Figura 4.1 e procura focalizar o processo de PCP e, no seu entorno, departamentos, funções, pessoas, empresas prestadoras de serviços, bem como as demais entidades relacionadas com o processo de planejamento. As informações constantes nesse diagrama foram numeradas e são descritas de uma forma mais detalhada na Tabela 4.1.

Analisando especificamente a Figura 4.1, percebe-se que o processo de planejamento e controle da produção de empresas de construção pode ser dividido, normalmente, em dois níveis hierárquicos: um nível de longo prazo e outro de curto prazo.

4.2.1 Elaboração do plano de longo prazo

Dependendo da empresa, a elaboração do plano de longo prazo cabe ao diretor técnico ou ao engenheiro responsável pela obra. Contudo, isso depende da forma pela qual a empresa

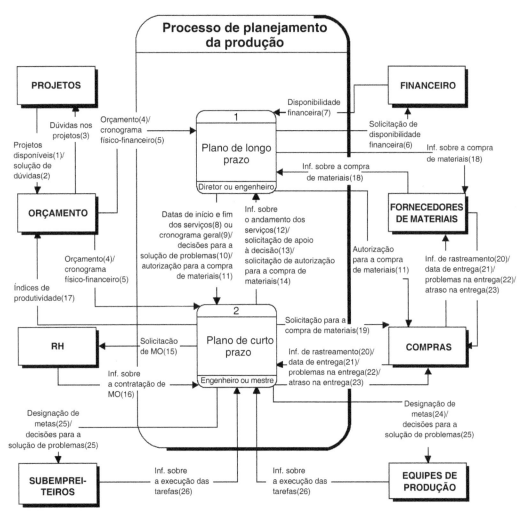

Figura 4.1 DFD característico das empresas de construção.

54 Capítulo 4

é organizada. Por exemplo, existem empresas em que o diretor assume também a função de engenheiro de obras. Isso pode ser explicado pelo porte dessas obras. Nesse caso, a obra não comporta financeiramente a contratação de um engenheiro residente para o seu gerenciamento. Em outros casos, a atividade de preparação do plano de longo prazo é, geralmente, dividida entre o diretor técnico e o engenheiro de obras.

De uma maneira geral, de acordo com a Figura 4.1, a elaboração do plano de longo prazo tem por base o orçamento da obra (informação 4), que, por sua vez, é preparado por meio da análise dos projetos disponíveis (informação 1) e da utilização de índices de produtividades (informação 17). Em geral, são utilizados índices de planilhas existentes no mercado, como a TCPO, ou índices próprios da empresa para algumas atividades, como alvenaria e revestimento, por exemplo. Entretanto, nem sempre o orçamento é elaborado com todos os projetos disponibilizados. Assim, durante a elaboração desse documento, pode haver dúvidas quanto a detalhes construtivos não explicitados ou, ainda, quanto a problemas técnicos de compatibilização entre os projetos (informação 3), gerando, assim, a necessidade de contato com os projetistas responsáveis para a elucidação dessas dúvidas (informação 2).

Tabela 4.1 Dicionário de dados do DFD da Figura 4.1

Nº	INFORMAÇÃO	DESCRIÇÃO
1	Projetos disponíveis	Projetos que estão disponíveis para a elaboração do orçamento da obra.
2	Solução de dúvidas	Solução das dúvidas sobre os projetos disponíveis.
3	Dúvidas nos projetos	Dúvida a ser esclarecida para a elaboração do orçamento. Inserem-se nessa informação dúvidas para a compatibilização de projetos ou sobre detalhes técnicos para construção.
4	Orçamento	Orçamento da obra.
5	Cronograma físico-financeiro	Cronograma físico-financeiro gerado por sistema computacional, preparado em planilha eletrônica ou manuscrito.
6	Solicitação de disponibilidade financeira	Solicitação de disponibilidade financeira da empresa para determinado período da construção.
7	Disponibilidade financeira	Disponibilidade financeira da empresa para determinado período da construção.
8	Data de início e fim dos serviços	Datas de início e fim dos serviços que constam no plano de longo prazo.
9	Cronograma geral	Cronograma geral da obra.
10	Decisões para a solução de problemas	Decisões para a solução de problemas gerenciais e/ou técnicos da obra.

(continua)

Caracterização de Sistemas de Planejamento e Controle da Produção de Empresas... 55

Tabela 4.1 Dicionário de dados do DFD da Figura 4.1 (*continuação*)

Nº	INFORMAÇÃO	DESCRIÇÃO
11	Autorização para a compra de materiais	Autorização para a compra de materiais.
12	Inf. sobre o andamento dos serviços	Informações sobre o andamento físico dos serviços que estão sendo executados na obra.
13	Solicitação de apoio à decisão	Solicitação de apoio à decisão para a solução de problemas gerenciais e/ou técnicos da obra.
14	Solicitação de autorização para a compra de materiais	Solicitação de autorização para a compra de materiais.
15	Solicitação de MO	Solicitação de contratação de mão de obra.
16	Inf. sobre a contratação de MO	Informação sobre o processo de contratação de mão de obra.
17	Índices de produtividade	Índices de produtividade de equipes de produção ou serviços.
18	Inf. sobre a compra de materiais	Informação sobre o processo de compra de materiais. Insere-se nessa informação o detalhamento das condições do negócio, por exemplo.
19	Solicitação para a compra de materiais	Solicitação para a compra de materiais.
20	Inf. de rastreamento	Informações de rastreamento de determinado material comprado ou negociado pela empresa.
21	Data de entrega	Data de entrega do material comprado.
22	Problemas na entrega	Problemas na entrega do material. Pode ser, por exemplo, a entrega de um material cujas características não atendam ao solicitado.
23	Atraso na entrega	Informações sobre atraso na entrega de determinado material.
24	Designação de metas	Designação de metas do plano de curto prazo para equipes de produção ou subempreiteiros.
25	Decisões para a solução de problemas	Decisões para a solução de problemas gerenciais e/ou técnicos da obra.
26	Inf. sobre a execução das tarefas	Informações sobre a execução das tarefas. Podem ser, por exemplo, dúvidas sobre a técnica construtiva, dificuldades encontradas para se realizar o trabalho, problemas no projeto, entre outras.

Outra informação que pode respaldar o processo de preparação do plano de longo prazo é o cronograma físico-financeiro (informação 5). Em geral, esse cronograma é enviado junto com o orçamento para o diretor ou o engenheiro, quando o orçamento é elaborado por um funcionário ou uma empresa terceirizada. Assim, o orçamento é enviado juntamente com o cronograma físico-financeiro para o diretor da empresa de construção. Caso contrário, o próprio diretor ou engenheiro da obra se encarrega de elaborá-lo. Existem casos, também, em que se observa que o diretor técnico também assume a atividade de elaboração do orçamento.

De posse do orçamento e, em alguns casos, do cronograma físico-financeiro, o diretor técnico revisa esses documentos e, após as devidas modificações, verifica, junto ao funcionário responsável pelo departamento financeiro (informações 6 e 7), a disponibilidade financeira da empresa para determinado período. Por meio dessa análise, o diretor pode definir novas datas de início e término de serviços (informação 8). Essa análise não é realizada em ciclos determinados, inexistindo datas específicas para ela.

A atualização do cronograma físico-financeiro é efetuada quando um dos diretores da empresa acha que essa atividade é importante para o controle da obra. Em geral, a atualização ocorre quando a obra apresenta certo atraso em relação ao planejamento inicial.

A disponibilidade financeira para a construção do empreendimento é proveniente da captação de recursos e depende do tipo de empreendimento que está sendo construído. Normalmente, os tipos de empreendimentos construídos são listados a seguir:

a   obras de incorporação a preço fechado: financiamento próprio aliado às receitas de venda das unidades autônomas;

b   obras de incorporação a preço de custo: o investimento é realizado por um grupo de condôminos;

c   obras para clientes públicas ou particulares: o pagamento é realizado em parcelas, correspondentes ao percentual físico executado, por determinada entidade (pública ou privada), para a construtora.

Nas incorporações a preço de custo e nas obras para terceiros, a incerteza na obtenção dos recursos financeiros é, em geral, menor que nas incorporações a preço fechado. Assim, o ritmo de produção nesse último tipo de empreendimento, estabelecido pelas metas presentes no cronograma geral, é fortemente vinculado à velocidade das vendas.

Definidas as datas de início e de término dos serviços, elas são utilizadas para a elaboração do cronograma geral (informação 9) ou, simplesmente, como metas (informação 8) a serem alcançadas pelo engenheiro e pelo mestre de obras.

Em seguida, as empresas iniciam o processo de compra de materiais e equipamentos, como também de contratação de mão de obra e negociação com firmas prestadoras de serviços. Em geral, a negociação e a compra de recursos são realizadas pelo diretor técnico da empresa (informação 18). Contudo, existem casos nos quais os engenheiros de obra têm certa autonomia na tomada de decisão. Assim, o processo de negociação é realizado pelo próprio engenheiro e tem, algumas vezes, o auxílio de um dos diretores na tomada de decisão.

Iniciada a obra, as metas fixadas no plano de longo prazo são atualizadas por meio de informações sobre o andamento dos serviços que estão sendo executados (informação 12), provenientes diretamente do canteiro. Cabe ressaltar que em diversas empresas de construção essas informações são verbais.

4.2.2 Elaboração do plano de curto prazo

Similarmente ao plano de longo prazo, o plano de curto prazo também é em geral desenvolvido em empresas de construção. Porém, sua elaboração tem por base, em geral, a troca de informações verbais. Normalmente esse plano não é embasado em dados coletados da produção, mas na experiência e na percepção do engenheiro e do mestre de obras.

Em empresas que não utilizam uma lista de tarefas a serem executadas como as anteriores, percebe-se que, normalmente, o plano de curto prazo fica a cargo do mestre de obras. Nesse caso, embora o mestre não escreva formalmente em um papel as atividades a serem executadas, na maioria das vezes procura-se cumprir as datas de finalização dos serviços, fixadas pela diretoria ou pelo engenheiro da obra, por meio da gestão do trabalho das equipes de produção.

Normalmente, as metas são designadas para os subempreiteiros e para as equipes de produção pelo mestre de obras. Essas equipes são formadas pela mão de obra própria da empresa, que, em geral, divide-se entre horistas e tarefeiros. Os tarefeiros diferenciam-se dos horistas por seus salários estarem vinculados ao percentual físico executado das atividades em determinado período de tempo.

A designação das metas, representada na Figura 4.1 pela informação 24, se dá por meio de contatos individuais e pode ocorrer tanto no escritório do canteiro como no próprio local de trabalho do funcionário ou subempreiteiro. Em geral, não havia um dia da semana ou período específico para a realização dessa atividade, sendo as metas disseminadas pela troca de informações verbais. Mesmo em empresas que possuem um plano de curto prazo, normalmente esse plano não é utilizado como base para facilitar a discussão com a mão de obra própria ou com os encarregados das empresas subempreiteiras, mas apenas para indicar para o mestre as datas de término das atividades.

Conforme a Figura 4.1, observa-se que o próprio engenheiro ou mestre de obras solicita a contratação de mão de obra para o funcionário responsável pelo setor de recursos humanos (informação 15). Essa solicitação ocorre de acordo com as necessidades específicas de cada obra e, em geral, parte do mestre, que comunica ao engenheiro, e este último faz a solicitação para o setor de recursos humanos. Evidentemente, o setor de recursos humanos mantém contato com o engenheiro ou com o mestre para informá-los do estado do processo de contratação solicitado (informação 16).

Com relação aos materiais e equipamentos a serem adquiridos no curto prazo, geralmente o engenheiro ou o mestre de obras tem autonomia para comprar materiais que não envolvam valor monetário considerável e cuja falta esteja também interrompendo o andamento da produção. Um exemplo típico desse material é uma lâmpada ou extensão elétrica para a iluminação de um local de trabalho cuja iluminação natural não seja suficiente para a execução de determinada atividade.

Entretanto, quando a obra necessita de determinado recurso com urgência, o engenheiro ou o mestre pode solicitar do diretor técnico uma autorização para compra desse recurso (informação 14). Nesse caso, o diretor analisa a disponibilidade financeira da obra, para em seguida autorizar o início do processo de compra (informação 11).

Evidentemente, há o caso de as obras enviarem solicitações para a compra de recursos para o setor de compras (informação 19). Nesse sentido, após uma tomada de preços e discussão com o diretor técnico sobre a possibilidade da compra, esta é efetuada ou postergada.

Desde a compra do recurso até sua entrega no canteiro, podem ocorrer alguns problemas relativos ao atraso na entrega (informação 22) ou à entrega do material em si (informação 21), pelo fato de o recurso não corresponder à quantidade ou à especificação solicitada (informação 23). Algumas vezes, esses problemas são comunicados por parte do pessoal da obra para o setor de compras e deste último para o fornecedor do material (Fig. 4.1).

A obra e o setor de compras trocam ainda outras informações durante o processo de compras relacionadas com negociação da data de entrega do recurso (informação 21), bem como à solicitação de informação sobre o paradeiro de determinado recurso já comprado (informação 20). Estas podem ocorrer tanto da obra para o setor de compras como vice-versa.

Com relação ao controle da produção, pode-se salientar que ele é desenvolvido em bases estritamente informais em algumas empresas, já que não se observa qualquer sistematização ou procedimento para controlar a produção nessas construtoras. Desse modo, o engenheiro ou o mestre informa o estado do andamento dos serviços nas obras para o diretor técnico (informação 12).

Além disso, quando há a necessidade de se tomar uma decisão relativa à demissão ou à contratação de funcionários, bem como relacionada com problemas técnicos da obra, o engenheiro ou o mestre de obras solicita um apoio do diretor nesse sentido (informação 13). Do mesmo modo, no momento em que é tomada a decisão, o diretor ou o engenheiro da obra, conforme o caso, informa a decisão para solução dos problemas ao engenheiro ou ao mestre de obras, respectivamente (informação 10).

Assim, de posse da decisão, pode-se informá-la às equipes de produção e aos subempreiteiros (informação 25). Esses últimos, por sua vez, mantêm o engenheiro e o mestre informados sobre o andamento físico de suas atividades, bem como sobre o surgimento de novos problemas (informação 26).

No que tange à utilização de indicadores para controle, percebe-se que existem empresas que realizam a coleta de índices de produtividade para alguns serviços, como alvenaria, revestimento interno e externo, por exemplo. Em geral, os dados coletados servem para retroalimentar o processo de elaboração do plano de longo prazo durante a construção.

4.3 Deficiências constatadas nos sistemas de planejamento e controle da produção de empresas de construção

As deficiências apresentadas nesta seção são resultado de uma comparação da sistemática de planejamento utilizada por empresas de construção com o referencial teórico apresentado no Capítulo 2 deste livro.

4.3.1 Dificuldade para organizar o próprio tempo de trabalho

Conforme discutido na Seção 2.6, em geral as atividades de um funcionário que assume uma função gerencial são variadas, breves e fragmentadas. Por outro lado, também foi argumentado que o processo de planejamento necessita de um período de tempo com qualidade, isto é, sem interferências ou interrupções.

De maneira geral, os funcionários responsáveis pelo processo de planejamento (diretor técnico, engenheiro e mestre de obras) dificilmente dispõem de tempo adequado para o planejamento. Isso ocorre porque existe, normalmente, um acúmulo de atividades por parte desses funcionários, principalmente no caso em que engenheiros de obra gerenciam duas ou mais obras. Nesses casos, os planos são desenvolvidos no final do dia de trabalho ou fora do horário de expediente.

Evidentemente, o próprio ambiente de trabalho em que esses funcionários estão inseridos contribui para a configuração dessa situação. Em alguns casos, esse problema advém de um acúmulo de funções do engenheiro. Esse é o caso no qual o engenheiro tem de controlar, inclusive, notas de recebimento de materiais. Essa função pode ser atribuída ao mestre ou a um funcionário específico, como o almoxarife ou apontador da obra, contribuindo para uma maior flexibilização do tempo de trabalho do engenheiro.

4.3.2 Ausência de integração vertical do planejamento

Conforme foi explicitado na Seção 2.5, a integração vertical do planejamento é importante, pois por meio dela pode-se estabelecer uma hierarquização entre as metas dos planos de longo, médio e curto prazos, facilitando o controle e a identificação dos recursos necessários à execução das tarefas no canteiro.

Analisando o caso de parte das empresas de construção, percebe-se que, nessas construtoras, existem apenas os níveis de longo e curto prazos, sendo esse último desenvolvido por meio da preparação de algum tipo de plano. Nesse caso, a falta de integração das decisões operacionais com as de longo prazo pode causar a elaboração ou atualização do plano de longo prazo de maneira inconsistente, tornando difícil o cumprimento dos prazos estipulados. Isso pode ser explicado na medida em que não se pode precisar como as decisões tomadas no nível de curto prazo estão repercutindo no médio e longo prazos. Essa falta de aderência entre as metas pode provocar desmotivação tanto para a atividade de atualização

60 Capítulo 4

do plano de longo prazo como para a preparação do plano de curto prazo, o que justifica, em parte, a não realização dos mesmos ou, ainda, o seu desenvolvimento em bases estritamente informais.

4.3.3 Inexistência de um plano de médio prazo

A inexistência de um plano de médio prazo deve-se ao fato de os diretores e engenheiros das obras desconhecerem a importância desse tipo de plano. Conforme salientado na Seção 2.5.2, esse plano é essencial no processo de PCP porque auxilia na manutenção da consistência entre o plano de longo com o de curto prazo.

Como as empresas não costumam preparar esse tipo de plano, tornam-se difíceis a identificação e a remoção de restrições no ambiente produtivo e gerencial a tempo de minimizar ou impedir interferências ao fluxo de trabalho. Isso pode causar, por vezes, atrasos na execução dos serviços. Além disso, a ausência desse plano diminui a visibilidade de médio prazo necessária à identificação de datas-marco para a aquisição de alguns tipos de materiais, como, por exemplo, louças e metais. Sem uma identificação precisa de tais datas, o abastecimento de materiais na obra pode sofrer interrupções, causando, inclusive, descontinuidade no desenvolvimento das operações no canteiro.

4.3.4 Falta de formalização e sistematização na elaboração do plano de curto prazo

Um dos principais problemas relacionados com a falta de formalização do plano de curto prazo refere-se à falta de transparência na medida em que as metas não são registradas, seja por meio escrito ou eletrônico. Sem esse registro, torna-se difícil controlar e analisar o processo de planejamento, interferindo diretamente no processo decisório da empresa.

Mesmo em empresas nas quais a elaboração do plano de curto prazo é evidenciada, verifica-se certa dificuldade na sistematização para sua preparação, isto é, o plano não é elaborado em datas especificadas e sem observar criteriosamente as metas fixadas no plano de longo prazo. Em outras empresas, o plano de curto prazo ocorre por meio da troca de informações verbais entre o diretor técnico ou engenheiro com o mestre de obras, sem haver um dia e horário específico para uma discussão sobre as metas a serem designadas.

Embora existam empresas nas quais há um dia predeterminado para a elaboração desse plano, verifica-se que, normalmente, ele é preparado durante a semana na qual ele é válido. Isso leva a supor que, nessas construtoras, o plano de curto prazo exista apenas para cumprir ordens da diretoria (CARVALHO, 1998).

Nesse contexto, pode existir o caso de a empresa elaborar uma lista de tarefas a serem executadas no canteiro durante a reunião de administração de condomínio. Em geral, nessas construtoras, a produção é orientada para essa lista de tarefas, visto que os clientes acabam ditando o ritmo de produção no curto prazo.

4.3.5 Desconsideração da disponibilidade financeira na fixação das metas

Essa deficiência ocorre mais nas empresas nas quais os engenheiros de obra têm pouca autonomia no gerenciamento da produção. Nesse caso, os engenheiros, na maioria das vezes, recorrem ao diretor técnico quando necessitam adquirir determinado recurso e ele autoriza a compra se houver, evidentemente, essa disponibilidade.

Entretanto, observam-se situações nas quais o engenheiro fixa metas para as equipes de produção antes de consultar o diretor ou o setor financeiro sobre a possibilidade de compra de determinado material. Dessa forma, o risco de não cumprir o plano por falta de um recurso advém da falha existente no fluxo de informação que respalda o processo de planejamento e controle da produção.

4.3.6 Estabelecimento de metas impossíveis de serem atingidas

Em algumas empresas, percebe-se que os engenheiros designam para as equipes de produção metas impossíveis de serem atingidas. Isso acontece principalmente quando são exigidos das equipes de produção níveis de produtividade superiores às suas capacidades máximas. Nesses casos, mesmo que os funcionários e subempreiteiros não consigam atingir as metas, o esforço de alguns para cumpri-las faz com que ocorra, algumas vezes, aumento de produtividade.

Cabe ressaltar que essa medida traz sérias consequências ao processo de planejamento e controle da produção. Inicialmente, ao carregar as equipes além de suas capacidades e de maneira contínua no tempo, pode-se obter um efeito contrário àquele desejado, provocado por desmotivação do funcionário, pelo fato de ele nunca conseguir atingir uma meta planejada de trabalho.

Outro problema reside na dificuldade de se estabelecer um processo contínuo de aprendizagem por meio do conhecimento das reais potencialidades das equipes de produção. A aprendizagem é dificultada pela existência de uma alta variabilidade nos prazos das metas executadas quando comparadas com as planejadas, dificultando a estabilização da produção.

4.3.7 Falta de envolvimento do mestre na preparação dos planos de curto prazo

Outra deficiência constatada nos processos de planejamento e controle da produção de empresas de construção é a falta de envolvimento do mestre na preparação dos planos de curto prazo. Nesse caso, esse problema apenas ocorre em empresas que elaboram esse tipo de plano.

Contudo, verificou-se que, em geral, o mestre possui uma grande autonomia no estabelecimento da forma pela qual serão executados os serviços. Assim, a preparação do plano de curto prazo sem uma discussão prévia com o mestre sobre as principais restrições existentes resulta em um planejamento pouco confiável.

62 Capítulo 4

No caso de empresas que não elaboram um plano de curto prazo formal, percebe-se que o contato praticamente diário do mestre com o engenheiro da obra ou o diretor técnico envolve, também, discussões sobre as tarefas que têm de ser executadas até determinado período. Desse modo, o mestre acaba, de uma maneira ou de outra, tendo certo grau de influência na fixação das metas, pois ele pode dialogar sobre as dificuldades que a obra está enfrentando e, assim, modificar ou prorrogar tais metas. Entretanto, esse contato, embora positivo, dificulta o processo de controle, visto que as informações discutidas não são registradas, incorrendo, assim, no problema discutido na Seção 4.3.4.

4.3.8 Controle informal

O controle informal é aquele que não utiliza indicadores referentes à produção ou ao processo de planejamento para a realização de ações corretivas. Nesse caso, o processo de controle é desenvolvido nas empresas do grupo por meio da troca de informações verbais, que ocorre entre as equipes de produção (própria ou subempreitada) e o engenheiro, o diretor ou o mestre de obras. Embora exista em algumas empresas uma coleta de índices de produtividade, de uma maneira geral esses não são coletados para todos os serviços que estão sendo executados.

Embora a realização de um processo de controle desenvolvido em bases informais confira certo grau de agilidade ao processo decisório, a informalidade pode trazer as seguintes consequências ao planejamento e controle da produção:

a   dificuldade de desenvolver um processo de aprendizagem, durante o desenvolvimento do processo de planejamento, baseado em dados que possibilitem a identificação dos efeitos das decisões tomadas para a correção de desvios;

b   falta de uma referência para a preparação de futuros planos e de atualizações mais precisas ao longo da construção, visto que dados de controle da produção não são coletados;

c   dificuldade de se estabelecer metas mais realistas com o estado da produção, na medida em que não se conhece a capacidade real de trabalho dos funcionários;

d   impossibilidade de se detectar as reais causas dos problemas em função dos quais as metas dos planos não são cumpridas, como forma de se realizar ações corretivas para que tais problemas não ocorram novamente.

4.3.9 Programação de recursos realizada fora do período adequado ou em caráter emergencial

Uma deficiência comum existente em empresas de construção, que influi de maneira acentuada na continuidade das operações no canteiro, é o desenvolvimento de uma programação de recursos fora de um período adequado ou em caráter emergencial.

Desse modo, no processo de suprimentos deve existir um período predeterminado no qual o recurso deve ser adquirido. Caso contrário, pode haver falta de recursos por causa do prazo necessário para a compra e a disponibilização do recurso por parte do fornecedor.

Além disso, quando os prazos mínimos para a programação de recursos não são respeitados, pode haver também a realização de solicitações em caráter emergencial. Em geral, esse tipo de problema ocorre quando o engenheiro ou o mestre se esquece de incluir o recurso na solicitação.

4.4 Ações necessárias para a melhoria dos sistemas de planejamento e controle da produção de empresas de construção

De posse das deficiências apresentadas, sugere-se um conjunto de ações necessárias para a melhoria dos sistemas de PCP das empresas de construção. Essas ações podem ser consideradas elementos seminais que se prestaram para a concepção do modelo de planejamento para empresas de construção civil, apresentado no Capítulo 5 deste livro.

4.4.1 Melhorar a organização do tempo de trabalho

A melhor organização do tempo de trabalho é proposta como uma forma de possibilitar a realização do planejamento e como forma de se corrigir as deficiências apontadas na Seção 4.3.1. Nesse caso, sugere-se que sejam identificados períodos menos atarefados durante a semana de trabalho. Esses períodos podem ocorrer nas primeiras horas da manhã, visto que, nesses horários, o funcionário, em geral, está mais disposto e disponível para o desenvolvimento de suas atividades diárias.

4.4.2 Estabelecer padrões de segmentação da obra que auxiliem na coerência entre os níveis de planejamento

De forma a facilitar a integração vertical do PCP, propõe-se a determinação de padrões de segmentação da obra em atividades no auxílio ao estabelecimento de metas coerentes entres os níveis de planejamento de longo, médio e curto prazos. Para facilitar o processo de segmentação, pode-se utilizar o *WBS – Work Breakdown Structure* (Estrutura de Partição do Trabalho). Mais detalhes do *WBS* podem ser encontrados na Seção 2.4.1.

4.4.3 Implementar um plano de médio prazo

Esse plano é considerado importante pois facilita a visualização das atividades que serão executadas em um horizonte maior do que o de curto prazo. Com isso, ele facilita a identificação de possíveis conflitos entre equipes no mesmo tempo e zona de trabalho, bem como a necessidade de recursos no médio prazo. Sendo assim, sem a utilização desse tipo de plano, torna-se mais difícil a identificação de tarefas que realmente possam ser executadas no curto prazo.

4.4.4 Implementar uma técnica de preparação do plano de curto prazo

A técnica para a preparação do plano de curto prazo utilizada foi discutida na Seção 2.5.3. Resolveu-se optar pela técnica da produção protegida porque ela tem uma forte vinculação com os conceitos e princípios da *lean construction*.

Essa ação é tida como prioritária para empresas de construção, de modo a permitir, inicialmente, o envolvimento da gerência operacional no processo de planejamento. Espera-se, com isso, que as decisões advindas da análise dos dados coletados durante a implementação desse plano possam auxiliar na redução da incidência de problemas que causam interferências à produção, facilitando dessa maneira a estabilização do ambiente produtivo.

4.4.5 Verificar a disponibilidade financeira antes da preparação dos planos

Essa ação é proposta como forma de se aumentar a confiabilidade do plano, na medida em que só devem ser planejadas atividades se houver disponibilidade financeira para tal. O envio de dados sobre o quanto se pode gastar em determinado período para o responsável pela elaboração do plano é colocado, dessa forma, como um meio de facilitar esse processo. Assim, o engenheiro e o mestre podem definir um ritmo de trabalho mais compatível com os recursos financeiros disponíveis.

A utilização de sistemas computacionais integrados também pode ser colocada como uma possível maneira de vir a auxiliar nesse processo, na medida em que os engenheiros possam acessar a disponibilidade de recursos financeiros para o período. Nas empresas que não têm como dispor do uso dessa tecnologia, o contato verbal entre o engenheiro da obra e o diretor técnico pode ser estabelecido como o meio mais rápido de disponibilização dessa informação.

4.4.6 Considerar as reais necessidades do sistema produtivo

Essa ação é proposta como forma de dificultar o estabelecimento de metas impossíveis de serem alcançadas. Essas metas são normalmente designadas às equipes de produção pelos engenheiros de obra, mesmo sabendo que os demais recursos necessários à sua execução podem não estar disponíveis no momento adequado.

Dessa forma, a mudança de postura do engenheiro de obras com relação à sobrecarga de trabalho deve ser apresentada como fator importante para que essa ação seja efetivada. Nesse caso, é necessário que ele compreenda a importância do estabelecimento de metas confiáveis como forma de evitar interrupções no fluxo de trabalho.

4.4.7 Envolver o mestre na preparação do plano de curto prazo

O envolvimento do mestre na preparação do plano de curto prazo deve ser considerado importante porque ele está, na maioria das vezes, em contato permanente com o desenvolvimento das atividades dos subempreiteiros e das equipes de produção. Dessa forma, considera-se que esse funcionário detém informações a respeito das principais dificuldades técnicas que as equipes estão enfrentando, e tais informações são fundamentais para a elaboração do plano de curto prazo.

4.4.8 Implementar um sistema de indicadores para o controle do planejamento e da produção

A maneira informal como, muitas vezes, parte das empresas de construção tem controlado seus processos permite concluir que é necessário desenvolver e implementar um sistema de indicadores proativo para o controle do processo de planejamento e da produção em tais empresas. Nesse sentido, esse sistema deve fornecer informações adicionais ao diretor técnico, bem como ao engenheiro e ao mestre de obras, sobre o andamento do processo da produção, além das tradicionalmente utilizadas.

4.4.9 Reformulação do sistema de programação de recursos

De acordo com essa ação, cada empresa deve identificar os prazos mínimos para a disponibilização dos recursos solicitados ao setor de compras. Esses prazos servem para facilitar a identificação daqueles recursos que exigem um período maior de disponibilização do que o adotado para o desenvolvimento do plano semanal, bem como para facilitar a gestão de recursos na empresa. As vantagens da utilização de uma sistemática de programação de recursos foram discutidas no Capítulo 2 deste livro.

4.5 Resumo do capítulo

Este capítulo apresentou um diagnóstico geral de um sistema de planejamento e controle da produção característico de empresas de construção. Dessa forma, procurou-se identificar áreas de atuação para a melhoria desses sistemas. O próximo capítulo apresenta o modelo geral de planejamento e controle da produção, desenvolvido por meio de um refinamento de tais ações.

Estudo de caso

Analise o contexto de uma empresa de construção fictícia apresentado a seguir. De acordo com o que foi estudado neste capítulo, identifique, em termos do processo de planejamento e controle de produção, quais as principais deficiências encontradas e como essa empresa pode corrigi-las.

O caso da empresa fictícia A

A empresa atua no subsetor de edificações da construção civil. No momento, está construindo um prédio residencial de 5 mil m² voltado para a classe média em uma cidade brasileira. Para essa obra, a empresa utiliza um cronograma geral elaborado em um sistema computacional voltado exclusivamente para esse fim.

Esse mesmo plano é utilizado como base para reuniões de delegação de tarefas que ocorrem semanalmente no canteiro de obras, porém sem dia fixo ou horários específicos para isso. Essas reuniões são agendadas, em geral, com antecedência de um ou dois dias. O engenheiro responsável pela obra é também responsável por outras duas obras na mesma cidade. Quando a reunião ocorre, quem participa são, em geral, os empreiteiros e o engenheiro da obra. A empresa decidiu não convocar o mestre de obras para essas reuniões porque o engenheiro não queria retirar o mestre de suas funções de controle dos serviços nos postos de trabalho. Em geral, quando o engenheiro fixa metas para os empreiteiros, sempre tenta passar um pouco mais de serviço do que as suas equipes têm condições de executar, com a expectativa de que eles tentarão ser mais ágeis e, assim, segundo a percepção do engenheiro, haverá um aumento de produtividade na obra. Como não existe um documento para acompanhamento das tarefas, dados relativos ao controle de produção dos serviços são raramente coletados. Verifica-se que, em algumas situações, algumas equipes de produção devem ter suas tarefas remanejadas por causa da ocorrência de falta de material em estoque, uma vez que não houve tempo hábil para a solicitação quando a necessidade dele foi identificada.

Modelo de Planejamento e Controle da Produção para Empresas de Construção

5.1 Introdução

A experiência com a implementação das ações para melhoria dos sistemas de planejamento e controle da produção em empresas de construção apresentadas no Capítulo 4 possibilitou a construção de um modelo geral de planejamento. O desenvolvimento do modelo apresentado fez parte de um projeto de pesquisa, financiado com recursos do Programa de Tecnologia da Habitação (Habitare) da Finep (Financiadora de Estudos e Projetos), intitulado "Gestão da Qualidade na Construção Civil: estratégias, recursos humanos e melhorias de processos em pequenas empresas". O projeto foi desenvolvido pelo Núcleo Orientado para a Inovação da Edificação (Norie) da Universidade Federal do Rio Grande do Sul (UFRGS) e teve por objetivo o desenvolvimento de métodos, técnicas e ferramentas destinadas à melhoria do processo tecnológico e gerencial de empresas de construção civil.

5.2 Modelo de planejamento e controle da produção para empresas de construção

O modelo de planejamento e controle da produção, obtido por meio da implantação das melhorias citadas no Capítulo 4, é apresentado na Figura 5.1. Conforme se pode perceber nessa figura, o modelo é composto por três etapas básicas: preparação do processo, planejamento e controle da produção propriamente ditos e avaliação do processo. As etapas referentes à coleta de informações, preparação dos planos e difusão das informações estão inseridas na segunda etapa, que, por sua vez, está dividida hierarquicamente por meio dos níveis de planejamentos de longo, médio e curto prazos.

68 Capítulo 5

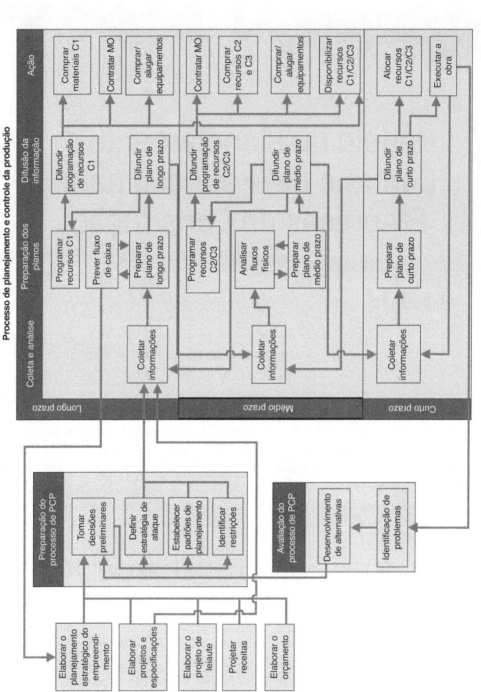

Figura 5.1 Modelo de planejamento e controle da produção.

5.2.1 Preparação do processo de planejamento e controle da produção

A preparação do processo de planejamento e controle da produção é a primeira etapa do modelo. Nessa etapa, são fixados procedimentos e padrões de planejamento que irão nortear as próximas etapas do modelo, bem como permitir a análise, durante a execução da obra, dos efeitos das decisões tomadas nos estágios preliminares do empreendimento. Essa etapa é apresentada na Figura 5.2.

De acordo com a Figura 5.2, a etapa de preparação do processo de PCP se inicia com a tomada das decisões preliminares, para a qual são necessárias as seguintes informações:

a **planejamento estratégico do empreendimento**: essa informação não é gerada dentro do processo de planejamento e controle da produção, pois faz parte dos estágios iniciais do processo de projeto. Engloba os objetivos do empreendimento quanto a prazo, custo e qualidade, a partir dos requisitos de seus clientes finais. Aliado a esses objetivos, o planejamento estratégico deve conter as datas-marco principais para a execução do empreendimento, como, por exemplo, data de início da obra, conclusão de macrosserviços,

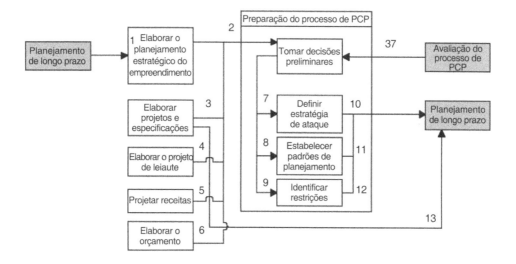

Informações:
1. Fluxo de caixa
2. Planejamento estratégico do empreendimento
3. Projetos e especificações
4. Projeto de leiaute
5. Projeção de receitas
6. Orçamento discriminado
7. Decisões preliminares relevantes à definição da estratégia de ataque à obra
8. Decisões preliminares relevantes ao estabelecimento dos padrões de planejamento
9. Decisões preliminares relevantes à identificação da produção
10. Estratégia de ataque à obra
11. Padrões de planejamento
12. Explicitação das restrições da obra
13. Alternativas identificadas frente à avaliação do processo de planejamento

Figura 5.2 Preparação do processo de planejamento e controle da produção.

entrega das unidades, entre outras. Contudo, ao ser preparado o plano de longo prazo, a previsão de fluxo de caixa pode influenciar alguns dos objetivos fixados para o empreendimento, fazendo com que algumas datas sejam alteradas.

b   **projetos e especificações**: em geral, os projetos e as especificações utilizadas para se preparar o processo de PCP são os que estão disponíveis na empresa no momento da tomada das decisões preliminares. Essa forma de atuação pressupõe limitações nas informações disponíveis, visto que, durante a execução do empreendimento, normalmente são necessários modificações ou detalhes adicionais de projeto, previstos ou não.

c   **projeto de leiaute**: esse projeto apresenta a disposição física do escritório do canteiro, locais de armazenagem de recursos, posição de equipamentos, vestiário, banheiros, almoxarifado e demais peças necessárias ao suporte da obra. O projeto de leiaute deve considerar também requisitos de segurança no canteiro, como, por exemplo, a colocação do guincho distante de redes de alta-tensão.

d   **projeção de receitas**: tal informação é muito importante para o desenvolvimento do processo de PCP, visto que ela pode ser utilizada para se analisar a viabilidade econômico-financeira do empreendimento. A natureza do fluxo de caixa depende do tipo de empreendimento que está sendo executado.

e   **orçamento discriminado**: normalmente, essa informação é gerada antes de o processo de PCP ser iniciado, e é importante que ela esteja formatada adequadamente, de modo a possibilitar agilidade no acesso à informação. Nesse sentido, a configuração de um formato mais operacional pode facilitar o controle integrado e o uso compartilhado de informações.

f   **alternativas identificadas frente à avaliação do processo de planejamento**: essa informação advém, em geral, de obras similares executadas pela empresa que tenham armazenado relatórios de controle do processo de PCP. Dessa forma, o aprendizado obtido por meio da análise desses relatórios pode influenciar as decisões preliminares supracitadas.

De posse das informações apresentadas, a preparação do processo pode ser realizada. Essa etapa é composta pelas seguintes atividades:

a   **tomar decisões preliminares**: essas decisões são tomadas tendo por base informações advindas de outros processos da empresa, anteriores ao desenvolvimento do processo de PCP. Normalmente, são inerentes ao processo de PCP, tais como a quantidade de níveis hierárquicos, a frequência de replanejamento em cada nível, o formato dos planos, os indicadores a serem coletados, o papel dos diferentes intervenientes, bem como ajustes no fluxo de informações que respaldará o processo.

b   **estabelecer padrões de planejamento**: essa etapa envolve a definição de padrões a serem utilizados na realização do planejamento e controle. Nesse caso, a WBS (*Work Breakdown Structure*) e o zoneamento da obra (ver Capítulo 2) são considerados os principais padrões empregados no processo de planejamento.

c **detalhar restrições**: as restrições envolvidas nessa etapa estão relacionadas com a dificuldade de acesso à obra e ao arranjo físico, localização geográfica, bem como a limitações de recursos físicos e financeiros ou, ainda, a restrições políticas.[1]

d **definir a estratégia de ataque**: essa atividade deve ser realizada em paralelo com a identificação de restrições existentes no ambiente produtivo e consiste na definição dos principais fluxos de trabalho da produção. Em geral, esse fluxo pode ser representado diretamente no projeto de leiaute do canteiro. Essa etapa procura definir também os fluxos de trabalho principais, que indicam o sequenciamento dos serviços a serem executados. Um exemplo de definição de fluxo de trabalho refere-se ao caso de alguns empreendimentos residenciais, nos quais se procura executar o prédio de baixo para cima (estrutura e alvenaria); em seguida, executam-se os revestimentos de cima para baixo e, finalmente, são realizados os serviços da periferia da torre.

5.2.2 Planejamento de longo prazo

O planejamento de longo prazo consiste no primeiro planejamento de caráter tático (FORMOSO *et al.*, 1999). Os principais resultados desse nível de planejamento são o plano de longo prazo da obra e a programação de recursos classe 1. Com esses documentos, podem-se realizar as ações necessárias à aquisição de recursos classe 1, tais como materiais com longo prazo de entrega, mão de obra própria e/ou terceirizada, bem como equipamentos (comprados ou alugados). Esse plano também norteia a preparação do plano de médio prazo.

Conforme a Figura 5.3, o planejamento de longo prazo pode ser dividido nas seguintes etapas:

a **coletar informações**: essa etapa se inicia com a coleta de informações provenientes da preparação do processo de planejamento, bem como do planejamento de médio prazo para o caso de a obra já ter sido iniciada.

b **preparar plano de longo prazo**: durante a preparação dos planos, são definidos ritmos de trabalho para as equipes de produção, de acordo com a disponibilidade financeira prevista. Esse plano pode ser utilizado como informação básica na geração do fluxo de caixa do empreendimento. Para a sua preparação, podem-se utilizar diversas técnicas, sendo as mais conhecidas os diagramas de Gantt, de setas (ADM – *Arrow Diagram Method*) e de precedência (PDM – *Precedence Diagram Method*), e a linha de balanço. O grau de detalhe utilizado nesse plano é variável e depende da incerteza envolvida no processo produtivo (LAUFER; TUCKER, 1987).

c **fazer previsão de fluxo de caixa**: o fluxo de caixa elaborado nessa etapa constitui um refinamento daquele elaborado nos estágios iniciais do empreendimento. Assim, caso

---

[1] Restrições políticas são procedimentos e padrões administrativos que estão inseridos na rotina de trabalho de uma empresa, que dificultam a implementação de inovações gerenciais (GOLDRATT; COX, 1993). Um exemplo claro de restrição política refere-se a um procedimento adotado por uma empresa de não divulgar à gerência operacional a disponibilidade financeira para determinado horizonte de planejamento. Sem essa informação, as metas fixadas nos planos operacionais podem se tornar incompatíveis com os recursos financeiros disponíveis.

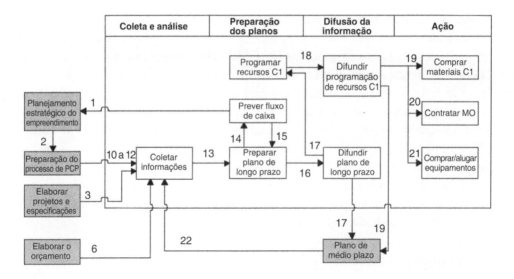

Informações:
1. Fluxo de caixa
2. Planejamento estratégico do empreendimento
3. Projetos e especificações
6. Orçamento discriminado
10. Estratégia de ataque à obra
11. Padrões de planejamento
12. Explicitação das restrições da obra
13. Informações para a preparação do plano de longo prazo
14. Plano de longo prazo sem a análise do fluxo de caixa
15. Fluxo de caixa e proposições de alteração no plano de longo prazo
16. Plano de longo prazo para a formatação final
17. Plano de longo prazo formatado
18. Programação de recursos classe 1
19. Programação de recursos explicitando datas-marco para a compra de materiais classe 1
20. Programação de recursos explicitando datas-marco para contratação de mão de obra
21. Programação de recursos explicitando datas-marco para a compra ou o aluguel de equipamentos
22. Plano de médio prazo formatado

Figura 5.3 Planejamento de longo prazo.

haja incongruência com a previsão de receitas e despesas preparada no início do empreendimento, podem-se modificar as metas presentes no plano de longo prazo. A decisão de modificação das metas do plano de longo prazo pode estar baseada na utilização de indicadores econômico-financeiros que possibilitem a análise de viabilidade do empreendimento (taxa interna de retorno, margem de lucro, entre outros).

d **difundir plano de longo prazo**: preparado o plano de longo prazo, este deve ser difundido de acordo com as necessidades de seus usuários. Nesse caso, a transmissão do plano pode ocorrer tanto por meio escrito como verbal, durante a realização de reuniões no escritório da empresa ou no canteiro de obras.

e **programar recursos classe 1**: conforme salientado no Capítulo 2, recursos classe 1 são aqueles cuja programação de compra, aluguel e/ou contratação deve ser efetuada tendo por base o plano de longo prazo. Esses recursos devem ser programados no nível de longo prazo, visto que eles requerem longos prazos de aquisição.

f   **difundir programação de recursos classe 1**: esta etapa corresponde à difusão da programação de recursos classe 1 aos setores de recursos humanos, para a contratação de mão de obra e de suprimentos para a disponibilização de materiais e equipamentos. Nesse caso, deve-se preparar esse documento adequadamente para esses dois últimos setores, separando convenientemente as informações de interesse de cada um.

g   **comprar materiais classe 1**: de posse da programação de recursos classe 1, que apresenta as datas-marco para a entrega deles, inicia-se o processo de negociação com fornecedores em busca dos menores preços praticados. Após a compra, a empresa deve solicitar periodicamente dos fornecedores informações sobre o andamento dos insumos adquiridos.

h   **contratar mão de obra**: nessa etapa, é iniciado o processo de divulgação da necessidade de mão de obra, bem como a contratação em si.

i   **comprar/alugar equipamentos**: em geral, o setor de suprimentos realiza esta etapa, de posse da programação de recursos recebida. Contudo, a decisão para o aluguel ou a compra de determinado equipamento nesse nível de planejamento normalmente parte da diretoria da empresa.

Em geral, em empresas de construção de médio e pequeno portes, o engenheiro responsável pela obra se encarrega do nível de planejamento de longo prazo. Nesse caso, nas empresas que dispõem de pacotes computacionais para o planejamento, o engenheiro pode utilizá-los, inclusive, no suporte à etapa de elaboração do plano. Nas empresas de grande porte, normalmente, para o desenvolvimento desse nível de planejamento, o engenheiro da obra recebe auxílio de um profissional especializado na área de planejamento, que pode ser um funcionário contratado ou um prestador de serviços.

5.2.3 Planejamento de médio prazo

O planejamento de médio prazo cumpre o importante papel de vinculação do planejamento de longo prazo com o de curto prazo. Entre seus objetivos principais está a identificação de restrições existentes no ambiente produtivo, de forma a possibilitar o desencadeamento de ações para removê-las, aumentando, assim, a confiabilidade do planejamento de curto prazo. A Figura 5.4 apresenta a representação esquemática desse nível.

Para o desenvolvimento do planejamento de médio prazo, as metas fixadas no planejamento de longo prazo são detalhadas e segmentadas em pacotes de trabalho, em função do zoneamento estabelecido na etapa de preparação do processo de planejamento.

Dependendo do procedimento adotado pelas empresas no desenvolvimento de seus processos de planejamento, esse nível pode ocorrer em horizontes que variam de duas semanas a três meses. Nesse caso, pode ocorrer também uma subdivisão desse nível em dois: um menos detalhado abrangendo um horizonte maior, como, por exemplo, de dois a três meses, e um envolvendo a definição de pacotes de trabalho em termos operacionais, com um horizonte de duas a cinco semanas. Cabe ressaltar ainda que, à medida que o plano de médio prazo passa a ser desenvolvido para horizontes móveis de planejamento, ele passa a ser denominado *lookahead planning*.

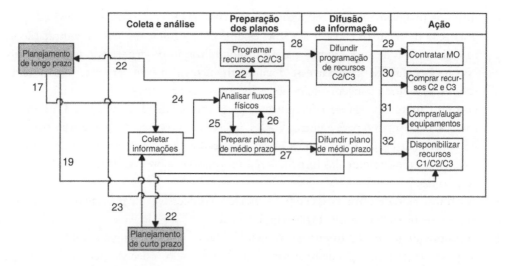

Informações:
17. Plano de longo prazo formatado
19. Programação de recursos explicitando datas-marco para a compra de materiais classe 1
22. Plano de médio prazo formatado
23. Plano de curto prazo controlado
24. Informações relativas às datas previstas para cada serviço, liberações, restrições, entre outras
25. Plano de médio prazo com proposição de alterações nas datas de início dos pacotes de trabalho
26. Proposição de plano de médio prazo a ser submetido à simulação em planta
27. Plano de médio prazo para a formatação final
28. Programação de recursos classes 2 e 3
29. Programação de recursos explicitando datas-marco para contratação de MO no médio prazo
30. Programação de recursos explicitando datas-marco para a compra de recursos C2 e C3 no médio prazo
31. Programação de recursos explicitando datas-marco para a compra/aluguel de equipamentos
32. Programação de recursos explicitando datas para a disponibilização de recursos C1/C2/C3

Figura 5.4 Planejamento de médio prazo.

As principais etapas envolvidas no desenvolvimento do planejamento de médio prazo são:

a **coletar informações**: as informações que servem de base à elaboração do plano de médio prazo são provenientes do planejamento de longo e de curto prazos, sendo este último correspondente ao plano controlado após a execução dos serviços. Assim, o plano de médio prazo é elaborado de acordo com os pacotes de trabalho que realmente foram executados, possibilitando que as metas fixadas sejam mais confiáveis.

b **analisar fluxos físicos**: as metas que são planejadas nessa etapa devem buscar reduzir conflitos de equipes trabalhando no mesmo local e no mesmo tempo, bem como deve identificar um sequenciamento adequado dos pacotes, reduzindo, assim, o excesso de movimentação de pessoas e transporte de materiais (ALVES, 2000). Em geral, para a realização da análise, pode-se utilizar uma planta do pavimento cujas tarefas entrarão no plano de médio prazo. Nesse sentido, a utilização de símbolos gráficos coloridos pode facilitar a identificação dos conflitos supracitados, bem como identificar o tamanho dos lotes de materiais a serem disponibilizados às equipes de produção e seus locais de descarga.

c **preparar plano de médio prazo**: este plano pode ser elaborado por meio de um diagrama de Gantt ou de uma rede de atividades apresentada em um grau de detalhes superior ao plano de longo prazo para o horizonte de médio prazo correspondente. Para aumentar a transparência das informações dispostas neste plano, podem-se, inclusive, utilizar convenções para facilitar a identificação da restrição que necessita ser removida, de forma a evitar interferências.

d **difundir plano de médio prazo**: o plano de médio prazo deve ser difundido para o responsável pela elaboração do plano de curto prazo, bem como para os funcionários encarregados pelo setor de suprimentos da empresa. Nesse sentido, é importante que as datas de disponibilização dos recursos classes 1, 2 e 3 estejam presentes nesse plano de forma clara. Isso ocorre para se evitarem problemas de interrupções do fluxo de trabalho por problemas de abastecimento de recursos.

e **programar recursos classes 2 e 3**: a programação de recursos classe 1, realizada no planejamento de longo prazo, explicita a identificação de datas nas quais os recursos classe 1 devem ser adquiridos. Por sua vez, a programação de recursos realizada para o médio prazo tem por objetivo principal a *disponibilização* dos recursos classes 1, 2 e 3. Assim, nessa programação, devem ser identificadas datas limites para disponibilização no canteiro desses recursos para o horizonte planejado, como forma de evitar descontinuidade no planejamento de curto prazo pela falta de um dado recurso. Essa forma de atuação evita que pacotes de trabalho cujos recursos ainda não estejam disponíveis sejam programados no plano de curto prazo e designados para as equipes de produção.

f **difundir programação de recursos classes 2 e 3**: da mesma maneira que no planejamento de longo prazo, essa programação de recursos deve ser difundida, em um formato apropriado, para os setores de recursos humanos e suprimentos. Por sua vez, esses setores devem identificar as datas-limite de disponibilização desses recursos fixadas nessa programação. A utilização dessas datas-limite serve como um lembrete para o responsável pelo setor de suprimentos do período no qual deve ocorrer o rastreamento do recurso adquirido junto ao fornecedor, visando a confirmar sua entrega no local e período previamente combinado.

g **contratar mão de obra**: nesta etapa, o setor de recursos humanos, tendo por base a solicitação de contratação de novos funcionários e a autorização da diretoria, inicia o processo de divulgação, seleção e contratação. Nesse caso, a disponibilização da mão de obra deve ocorrer dentro do prazo estipulado na programação, para que não haja problema na preparação do plano de curto prazo.

h **comprar recursos classes 2 e 3**: de posse da programação de recursos e das atividades fixadas no plano de médio prazo, podem-se comprar os demais recursos necessários à execução das atividades. Nesse caso, os recursos classe 3 foram incluídos nesta etapa para evitar a compra e a disponibilização deles durante a semana de trabalho na qual esses recursos serão necessários. Essa atitude visa a minimizar os efeitos da incerteza envolvidos na entrega dos recursos no canteiro de obras.

76 Capítulo 5

i **comprar/alugar equipamentos**: esta etapa está relacionada com o processo de compra ou aluguel de equipamentos necessários à execução de atividades fixadas para o planejamento de médio e curto prazos. Em geral, deve-se procurar identificar, nesse caso, os prazos mínimos de disponibilização desses equipamentos, para que estes sejam entregues no período para o qual são necessários.

j **disponibilizar recursos classes 1, 2 e 3**: esta etapa se refere ao processo constituído pelas atividades de rastreamento dos recursos adquiridos, bem como por sua entrega, conferência e notificação ao setor de suprimentos, caso haja algum problema de especificação, percebido pelo mestre ou almoxarife no recebimento. Embora as duas últimas atividades envolvam os funcionários do canteiro, esta etapa é de responsabilidade do setor de suprimentos, cuja função principal é disponibilizar os recursos solicitados dentro de um prazo coerente com a capacidade da empresa, no período e nas especificações previamente fixados pelo gerente de obras.

Em geral, o engenheiro da obra deve responder pela elaboração do planejamento de médio prazo. Nesse caso, a cada ciclo de replanejamento podem-se preparar relatórios sobre o andamento da obra e transmiti-los à direção da empresa e ao mestre de obras.

5.2.4 Planejamento de curto prazo

O planejamento de curto prazo tem por objetivo orientar diretamente a execução da obra, por meio de designações de pacotes de trabalho fixados no plano de médio prazo às equipes de produção. Nesse nível de planejamento, podem ser fornecidos às equipes de trabalho equipamentos e ferramentas para a execução de suas atividades.

Normalmente, esse plano é realizado em ciclos semanais. Porém, em obras muito rápidas ou nas quais exista muita incerteza associada ao processo de produção, o ciclo de planejamento pode ser diário. A Figura 5.5 apresenta a representação esquemática desse nível de planejamento.

As principais etapas a serem desenvolvidas no plano de curto prazo são as seguintes:

a **coletar informações**: as informações que respaldam o planejamento de curto prazo são o plano de médio prazo e o plano de curto prazo controlado no ciclo anterior. Nesse caso, os planos de curto prazo dos ciclos anteriores podem servir também como fonte de informações sobre os fluxos de trabalho das equipes de produção e dos fluxos de materiais na obra.

b **preparar plano de curto prazo**: este plano é elaborado de acordo os requisitos necessários para a proteção da produção, proposta por Ballard e Howell (1997a). O Capítulo 2 apresentou detalhadamente a forma pela qual se pode proteger a produção dos efeitos da incerteza. Assim, depois de coletadas as informações pertinentes para o desenvolvimento deste plano, parte-se para a elaboração de uma primeira proposta de plano de curto prazo a ser apresentada e discutida em uma reunião, normalmente semanal,

Modelo de Planejamento e Controle da Produção para Empresas de Construção

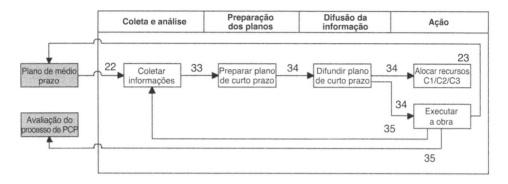

Informações:
22. Plano de médio prazo formatado
23. Plano de curto prazo controlado
33. Informações sobre o andamento dos pacotes de trabalho
34. Plano de curto prazo
35. Relatório de controle

Figura 5.5 Planejamento de curto prazo.

com o engenheiro e o mestre de obras, subempreiteiros e encarregados das equipes de produção. Na reunião, inicialmente é apresentado o plano de curto prazo controlado do ciclo anterior, de forma a possibilitar que todos os presentes identifiquem as razões pelas quais algumas metas não foram cumpridas conforme o planejado.

c **difundir plano de curto prazo**: a difusão do plano de curto prazo ocorre em dois estágios. O primeiro se refere às informações trocadas entre o engenheiro e o mestre de obras, bem como os subempreiteiros e encarregados das equipes de produção durante a reunião de negociação das metas. O segundo estágio ocorre por meio do contato verbal entre os encarregados e os demais funcionários participantes da equipe de produção. Por isso, deve-se procurar ser o mais claro possível durante a reunião de discussão das metas, utilizando esboços e detalhes dos postos de trabalho, de forma a esclarecer melhor as tarefas que estão sendo designadas, de forma a evitar incompreensões e, a esse fato, possíveis retrabalhos.

d **alocar recursos classes 1, 2 e 3**: de posse do plano de curto prazo, podem-se alocar os recursos classes 1, 2 e 3 nos postos de trabalhos nos quais eles serão utilizados. A alocação desses recursos deve obedecer ao itinerário identificado na análise dos fluxos físicos realizada durante o planejamento de médio prazo.

e **executar a obra**: esta etapa ocorre durante o dia a dia de execução da obra, por meio de diretrizes fixadas na preparação do processo de planejamento. São identificadas as razões pelas quais as metas planejadas não estão sendo cumpridas, de forma a serem realizadas medidas corretivas para evitar sua recorrência. Nesse caso, pode-se utilizar um sistema de indicadores de planejamento e controle da produção que possibilite o desenvolvimento de um processo de tomada de decisão mais confiável. Os indicadores coletados podem, assim, ser incluídos em um relatório de controle, conferindo maior visibilidade ao processo de análise do desempenho do processo de PCP. Exemplos de possíveis indicadores de PCP que podem ser utilizados são apresentados no Anexo deste livro. Cabe ressaltar ainda que as decisões tomadas para a correção dos desvios devem ser convenientemente registradas nos relatórios supracitados, de forma a facilitar o processo de aprendizagem dos principais agentes envolvidos com as etapas de preparação dos planos, nos níveis de longo, médio e curto prazos.

Em geral, o engenheiro da obra deve se encarregar de preparar o plano de curto prazo. Contudo, para a identificação dos pacotes de trabalho que podem ser executados e incluídos neste plano, deve-se buscar o auxílio do mestre de obras. Nesse sentido, o mestre pode verificar e registrar no plano o momento segundo o qual os pacotes estão sendo desenvolvidos, bem como os problemas que estão impedindo a equipe de alcançar a meta fixada.

Ao final do ciclo adotado para o curto prazo, o engenheiro pode analisar o plano controlado pelo mestre para preparar a proposta do plano referente ao novo ciclo. Em seguida, os dois podem discutir sobre as reais possibilidades de se cumprir a proposta do engenheiro e o que será de fato negociado com os subempreiteiros e encarregados de equipes de produção na reunião de planejamento.

5.2.5 Avaliação do processo de planejamento e controle da produção

A avaliação do processo de planejamento e controle da produção ocorre ao final da obra, como forma de se propor melhorias a empreendimentos futuros, ou, ainda, durante a execução da obra, em períodos especificados na preparação do processo de planejamento. Nesse sentido, a avaliação pode ser desenvolvida tendo por base os relatórios de controle gerados ao longo da construção e a percepção de seus principais agentes intervenientes. A Figura 5.6 é uma representação esquemática dessa etapa do modelo.

As seguintes etapas compõem a avaliação do processo de planejamento e controle da produção:

a   **identificação de problemas**: nesta etapa, os problemas que ocorreram durante o período de avaliação são identificados. Nesse caso, pode-se realizar uma reunião com a participação do diretor técnico, engenheiro e o mestre de obras, bem como os subempreiteiros, encarregados dos serviços e alguns fornecedores de materiais. A preparação de um relatório geral, a ser entregue aos participantes, e que detalhe as principais razões dos desvios da obra podem auxiliar também no estabelecimento de ações de melhorias.

b   **desenvolvimento de alternativas**: identificados os problemas, parte-se para o desenvolvimento de alternativas. Nesse sentido, por meio do *brainstorming*, podem-se identificar algumas alternativas a serem realizadas nos próximos empreendimentos da empresa ou nas próximas etapas da obra, caso esta última não tenha sido ainda finalizada no momento de realização da reunião de avaliação.

Informações:
35. Relatório de controle
36. Problemas que estão causando desvios nas metas planejadas
37. Alternativas para a correção de desvios nas metas planejadas e eliminação das causas dos problemas

Figura 5.6 Avaliação do processo de PCP.

5.3 Resumo do capítulo

Este capítulo apresentou o modelo geral de planejamento e controle da produção, desenvolvido por meio do estudo do referencial bibliográfico apresentado no Capítulo 2 deste trabalho, bem como por meio da avaliação da implementação das ações propostas no Capítulo 4 em empresas de construção. O próximo capítulo apresenta diretrizes para o desenvolvimento de sistemas de planejamento e controle da produção em empresas de construção.

● EXERCÍCIO

5.1 Responda verdadeiro (V) ou falso (F) para as afirmações abaixo:

( ) A etapa de preparação dos planos fixa procedimentos e padrões de planejamento que irão nortear todas as etapas do modelo de planejamento e controle de obras.

( ) A previsão de fluxo de caixa pode influenciar alguns dos objetivos fixados para o empreendimento, fazendo com que algumas datas do planejamento de longo prazo sejam alteradas.

( ) A quantidade de níveis hierárquicos, a frequência de replanejamento e o formato dos planos são algumas informações que devem ser utilizadas como base para registro do término da obra.

80 Capítulo 5

( ) O plano de longo prazo deve ser difundido de acordo com as necessidades do engenheiro ou do arquiteto da obra.

( ) Recursos classe 1 são aqueles identificados a partir da preparação do planejamento de médio prazo.

( ) Para aumentar a transparência das informações dispostas no plano de médio prazo, podem-se utilizar convenções para facilitar a identificação de restrições que precisam ser removidas.

( ) Datas-limite para disponibilização de recursos classes 2 e 3 devem ser inseridas e apresentadas no plano de longo prazo.

( ) O plano de curto prazo tem como um de seus objetivos orientar a execução das tarefas na obra.

( ) Em geral, é sempre o mestre quem deve preparar o plano de curto prazo, usando unicamente sua experiência em obra como base.

( ) A avaliação do processo de planejamento e controle da produção ocorre ao final da obra, como forma de se proporem melhorias a empreendimentos futuros.

Técnicas de Preparação dos Planos

6.1 Introdução

Não existem muitas técnicas para preparação de planos. Em geral, as técnicas que são aplicadas na construção civil foram desenvolvidas pela demanda existente em determinados projetos governamentais ou privados. Por sua vez, outras foram concebidas a partir dos princípios básicos da administração da produção e da construção enxuta (*Lean Construction*).

Após a apresentação das técnicas de rede CPM e PERT e o detalhamento da Linha de Balanço, voltada para obras de caráter repetitivo, são apresentados exercícios para que o leitor possa fixar melhor os conteúdos. A resolução desses exercícios pode ser obtida no GEN-IO, ambiente virtual de aprendizagem do GEN | Grupo Editorial Nacional.

6.2 Método e técnica de redes

As técnicas de rede foram desenvolvidas por volta da década de 1960. As mais conhecidas e disseminadas são o CPM (*Critical Path Method*) e o PERT (*Program Evaluation and Review Technique*). O primeiro foi desenvolvido em 1957 pela empresa Du Pont para ser aplicado nos projetos de engenharia de suas fábricas. Já o PERT foi desenvolvido em 1958 pela Marinha norte-americana para aplicação no projeto de lançamento de mísseis Polaris. A Figura 6.1 apresenta a explicitação das atividades do projeto a partir de representações gráficas cuja composição assemelham-se a uma rede.

Dois métodos distintos permitem a representação gráfica do CPM ou PERT: o método do diagrama de flechas, também conhecido como ADM (*Arrow Diagram Method*); e o método do diagrama de precedências, ou PDM (*Precedence Diagram Method*). No primeiro, as atividades do projeto são representadas por flechas e, no segundo, por retângulos, círculo ou elipses, conectadas por flechas para denotar a lógica ou sequenciamento (Fig. 6.2).

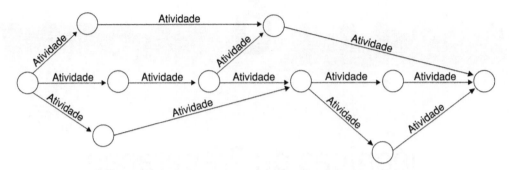

Figura 6.1 Exemplo de rede de atividades de um projeto.

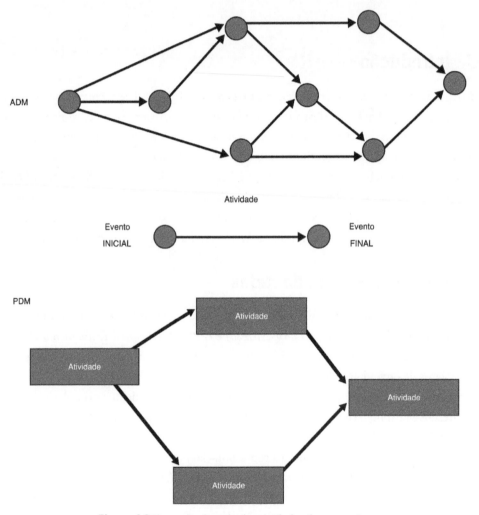

Figura 6.2 Exemplo de rede de atividades de um projeto.

6.2.1 Método do caminho crítico – CPM

Esta técnica consiste no desenvolvimento de uma rede de atividades, em que se realizam cálculos simples com o intuito de se explicitar as datas de início e término de cada atividade. Os cálculos das datas baseiam-se nas durações estimadas existentes em um banco de dados da empresa ou em planilhas orçamentárias. Após o cálculo das datas, verifica-se, por meio da análise da rede desenhada, qual o sequenciamento de atividades sem folgas de execução. É exatamente por isso que esse sequenciamento é denominado caminho crítico. O atraso em qualquer atividade que esteja nesse caminho pode provocar um atraso na data final de entrega da obra, caso não sejam tomadas medidas para sua recuperação. Dessa forma, mesmo que a análise da rede de atividades demonstre que irá ocorrer um atraso, a gerência da construção pode optar por agregar mais recursos em determinadas fases da obra, de forma a reduzir durações ou, em algumas situações, alterar o sequenciamento de parte das atividades.

Para a utilização do CPM, parte-se de uma lista de atividades a serem desenvolvidas na obra. A partir dessa lista, procura-se realizar um sequenciamento com vinculações lógicas entre as atividades. Um exemplo de parte de um CPM é apresentado na Figura 6.3.

Conforme a Figura 6.3, as atividades de uma rede CPM são representadas por setas e vinculadas por eventos (círculos). Não pode haver eventos iguais para diferentes atividades. Assim, utiliza-se o artifício de se lançar mão de atividades fantasmas, para manter a lógica da rede. Essa atividade é representada por uma seta tracejada e possui duração nula. Analisando a Figura 6.1, por exemplo, caso o responsável pela obra determinasse que a "concretagem de vigas de fundação" só poderia começar se a "montagem dos kits hidráulicos" estivesse finalizada, ele teria que lançar mão de uma atividade fantasma para realizar aquela vinculação (Fig. 6.3). Caso contrário, a etapa de "montagem dos kits hidráulicos" ficaria com os mesmos eventos inicial e final da atividade "execução das fôrmas" e isso não é possível. Atividades diferentes devem possuir, ao menos, um evento diferente de qualquer outra da rede.

Após a identificação do sequenciamento e dos vínculos, parte-se para a numeração dos eventos (Fig. 6.4). Recomenda-se, nesse caso, que se procure seguir determinada ordem de forma a facilitar a organização da numeração. Essa última é necessária para retirar o "peso" visual que a rede apresentaria caso os nomes das atividades permanecessem sobre o nome da seta. Para redes complexas com um grande número de atividades, isso se tornaria impraticável. Assim, deve-se montar uma tabela contendo os códigos das atividades, representado pelo evento inicial e final e o nome da atividade.

O próximo passo na elaboração de uma rede CPM é a realização de estimativas de durações de cada atividade (Fig. 6.5). Em geral, cada empresa deveria possuir um banco de dados que possibilitasse o cálculo dessas durações. Caso ela não possua esse banco de dados, recomenda-se que o cálculo das durações tenha por base a experiência dos envolvidos na construção. Em ambos os casos, durante a fase de controle, os dados da obra devem ser armazenados para servirem de referência para futuros empreendimentos. Na seção de exercícios deste capítulo, apresenta-se uma atividade de cálculo de durações.

84 Capítulo 6

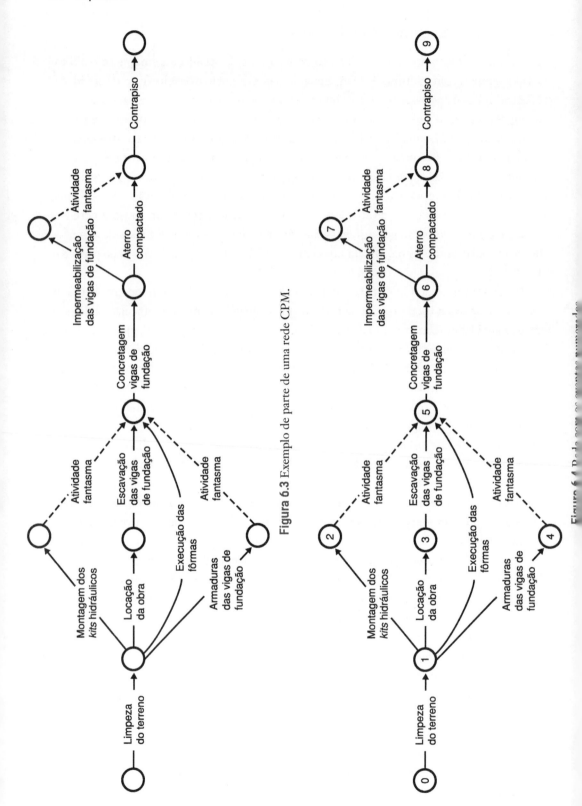

Figura 6.3 Exemplo de parte de uma rede CPM.

Técnicas de Preparação dos Planos **85**

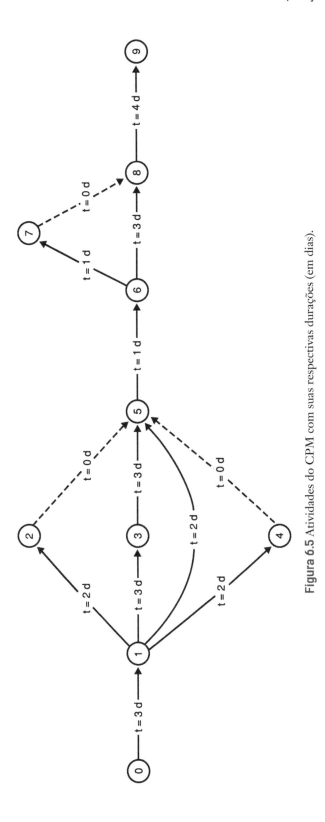

Figura 6.5 Atividades do CPM com suas respectivas durações (em dias).

86 Capítulo 6

Estabelecidas as durações, pode-se partir para o cálculo das datas de início e de término mais cedo das atividades (Fig. 6.6). Nessa etapa, as durações são somadas da esquerda para direita. O resultado dessas somas deve ser indicado no canto esquerdo de um retângulo, com as partes superior e inferior do mesmo abertas. Se por acaso ocorrer de duas atividades chegarem juntas a um mesmo evento, a duração que é colocada nesse canto esquerdo refere-se sempre ao maior valor das somas calculadas.

Após o cálculo do tempo de início/término mais cedo das atividades, pode-se calcular o tempo de início/término mais tarde da rede (Fig. 6.7), representado pelo espaço existente no canto direito do retângulo supracitado. O cálculo do tempo mais tarde é realizado de maneira inversa ao do tempo mais cedo (da direita para a esquerda), subtraindo-se as respectivas durações. Dessa vez, quando duas atividades ou mais atividades partem de um mesmo evento, é escolhida a menor data daquelas calculadas. Contudo, antes de iniciar o cálculo das datas mais tarde, é obrigatório tornar a data de término mais tarde da obra igual à data de término mais cedo da obra já calculada. Perceba que, na Figura 6.7, no evento final, a data mais cedo da obra (17 dias) foi copiada para a data mais tarde do empreendimento.

As atividades que não possuem folga, ou seja, seus eventos inicial e final possuem datas iguais, são consideradas pertencentes ao caminho crítico. Entretanto, depedo das características da obra, pode-se optar em estabelecer que as atividades críticas serão aquelas que possuírem folga zero ou uma folga mínima. Depois de identificado o caminho crítico, as setas das atividades que pertencem ao caminho são salientadas na rede (Fig. 6.8).

Para compreender como se calcula a folga de uma atividade, deve-se analisar especificamente determinada atividade de uma rede CPM. Tomando como exemplo uma atividade extraída de uma rede qualquer, verifica-se que ela é caracterizada por quatro datas básicas (Fig. 6.9). Essas datas são representadas nos retângulos que ficam próximos aos eventos inicial e final que caracterizam a atividade e são denominadas das seguintes formas:

a **DIC ou Data de Início mais Cedo**: representa a data de início mais cedo em que se pode começar a executar determinada atividade;

b **DIT ou Data de Início mais Tarde**: representa a data de início mais tarde em que se pode começar a executar determinada atividade;

c **DTC ou Data de Término mais Cedo**: representa a data de término mais cedo em que se pode finalizar determinada atividade;

d **DTT ou Data de Término mais Tarde**: representa a data de término mais tarde em que se pode finalizar determinada atividade.

A folga total (FT) de uma atividade é calculada de acordo com a Equação 6.1. Pelo exemplo da Figura 6.9, tem-se, para a atividade 14-15, uma DTT = 23, uma DIC = 14 e a duração = 3. Dessa forma, a folga total das atividades 14-13 é igual a 6 dias.

$$FT = DTT - DIC - \text{Duração}$$ (6.1)

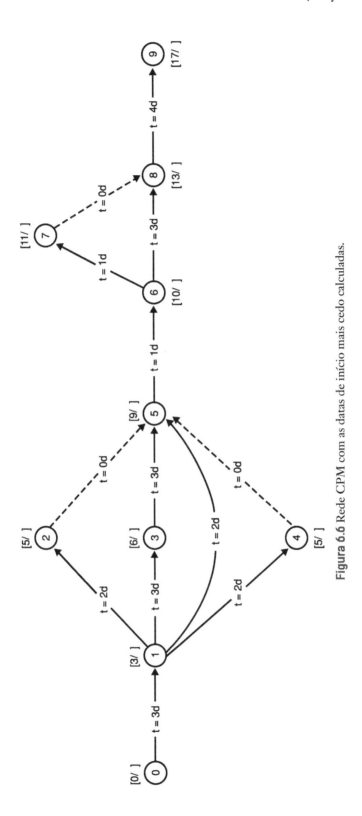

Figura 6.6 Rede CPM com as datas de início mais cedo calculadas.

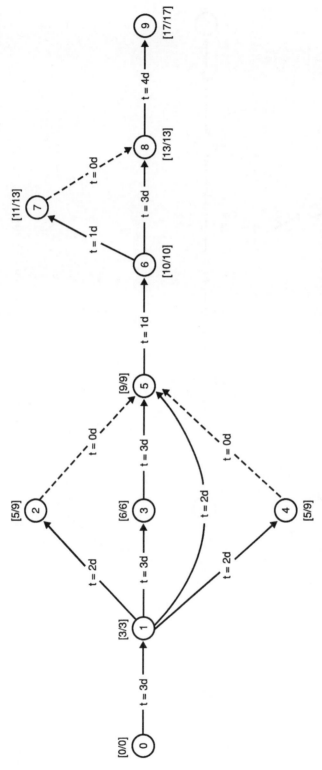

Figura 6.7 Rede CPM com as datas de início mais tarde calculadas.

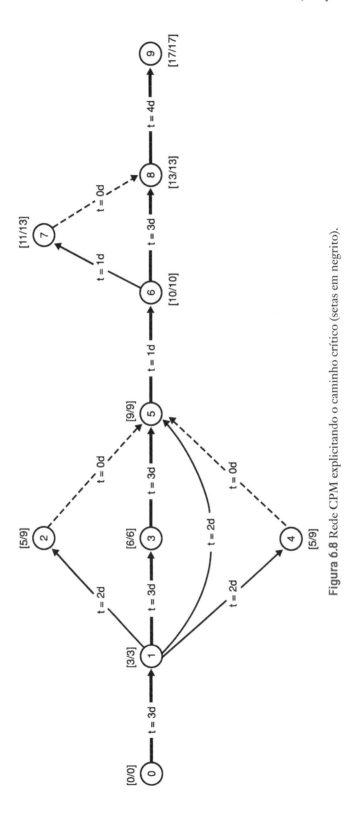

Figura 6.8 Rede CPM explicitando o caminho crítico (setas em negrito).

Técnicas de Preparação dos Planos 89

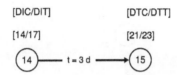

Figura 6.9 Exemplo das datas de início e de término de determinada atividade.

Observe que o método de representação do CPM da Figura 6.8 é o ADM, introduzido neste capítulo, na Seção 6.2. É possível fazer a mesma representação da rede por meio do método PDM. Nesse caso, a apresentação e o cálculo do diagrama são similares àquele utilizado para a determinação das datas de início e término na representação ADM. Um exemplo do diagrama de precedências equivalente à primeira parte da rede CPM supracitada é apresentado na Figura 6.10.

Com relação à representação das terminologias das datas de início e término em um evento de um diagrama de precedência genérico, verifica-se, pela análise da Figura 6.11, que esse diagrama tem as mesmas variáveis utilizadas na rede CPM representada por um ADM.

6.2.2 Técnica de revisão e avaliação de programas – PERT

O PERT ou Técnica de Avaliação e Revisão de Programas (*Program Evaluation Review Technique*) é muito similar ao CPM. Entretanto, o cálculo do PERT envolve estimativas estatísticas segundo as quais as datas de cada atividade são calculadas em patamares otimistas, pessimistas e mais prováveis. Esse cálculo envolve um grande número de dados de durações de cada atividade a ser executada na obra. Em geral, os dados referentes às durações de cada atividade são colocados em uma curva de distribuição normal, de forma a facilitar a realização dos cálculos estatísticos supracitados. Em função da quantidade considerável de dados e análises estatísticas, a utilização do PERT de maneira generalizada na indústria da construção civil é dificultada.

Nos últimos anos, diversos profissionais têm chamado erroneamente o CPM de PERT e vice-versa. Isso é verificado, inclusive, em muitos livros didáticos. Para explicar o porquê desse fato é importante realizar uma rápida análise das funções para as quais essas técnicas foram criadas. O CPM é determinístico, ao contrário do PERT, que é probabilístico. Dessa forma, como utilizar o CPM se o ambiente da construção civil envolve, geralmente, diferentes graus de incerteza? E mais: como utilizar o PERT, com todos os dados estatísticos necessários para o cálculo da rede, se a empresa não dispõe de dados ou da estrutura de controle para processá-los?

As questões anteriores fizeram com que, ao longo do tempo, diversos livros didáticos descrevessem essas técnicas, erroneamente, com uma única técnica denominada PERT/CPM. Inclusive, alguns livros didáticos e programas computacionais começaram a encurtar essa sigla, denominando-a meramente de PERT. Cabe ressaltar aqui a necessidade premente do retorno e de correção das siglas para que elas sejam de fato. Tais técnicas foram concebidas com objetivos específicos e, por isso, devem ser tratadas, também, de maneira específica.

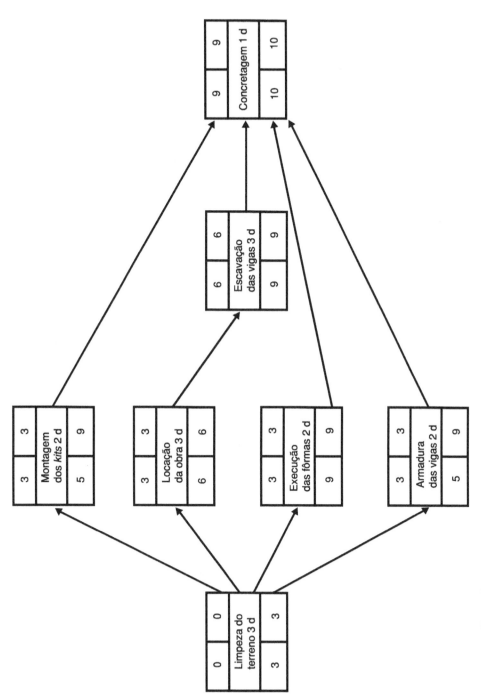

Figura 6.10 Diagrama de precedências equivalente à primeira parte da rede CPM desenhada anteriormente.

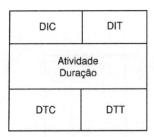

Figura 6.11 Representação das terminologias das datas de início e término em um evento de um diagrama de precedência genérico.

6.3 Linha de balanço

Embora menos utilizada do que as técnicas de rede e os diagramas de precedências, a linha de balanço explicita mais facilmente alguns princípios da construção enxuta ou *lean construction*. Porém, uma desvantagem da técnica é a limitação do seu foco de atuação, isto é, somente em empreendimentos repetitivos.

A vinculação da linha de balanço com os princípios da construção enxuta é mais facilmente explicitada do que com as técnicas de rede porque, com o uso da linha de balanço, é possível representar sem maiores dificuldades os principais fluxos de trabalho da obra. Assim, é possível estabelecer ritmos de trabalhos compatíveis entre as diferentes entidades envolvidas na construção do empreendimento.

Nessa técnica, os serviços devem ser mostrados em um plano cartesiano, em que no eixo y convenciona-se apresentar uma unidade de repetição (casa, lote de casas, apartamento, pavimento, fachada, dentre outros) e, no eixo x, uma unidade de tempo (dias, semanas etc.), definindo-se ritmos de trabalho iguais ou diferentes para cada serviço (Fig. 6.12).

A vantagem da técnica está na facilidade de apresentar em um único gráfico todos os principais componentes necessários à programação: O QUÊ (qual serviço ou qual pacote de trabalho) deve ser executado, QUEM deve executá-lo (qual ou quais equipes), ONDE fazer (qual casa, qual apartamento, qual fachada ou pavimento) e QUANDO (qual dia, qual semana) executar (Fig. 6.12).

Os três principais elementos de uma linha de balanço são:

a   a unidade-base, que pode ser considerada como a unidade de referência da programação. Pode ser, por exemplo, uma casa ou um lote de casas, um pavimento, um bloco de apartamentos, dentre outros. Será a unidade do eixo x do plano cartesiano;

b   a equipe especializada, que é um grupo de operários que executará determinada atividade e repetirá essa atividade em outras unidades-base. Também pode ser denominada "equipe de produção";

c   ritmo da equipe especializada, a qual consiste na velocidade que uma equipe básica consegue realizar seu serviço em uma unidade-base.

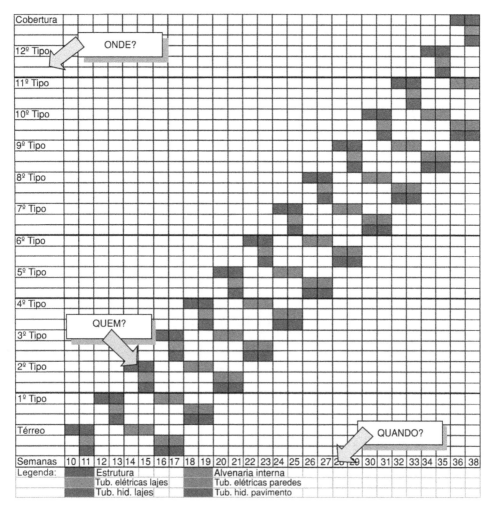

Figura 6.12 Representação de parte de uma linha de balanço.

A Figura 6.13 apresenta um exemplo de linha de balanço. Observe que ela foi preparada com o pavimento-tipo de um prédio como referência, enquanto sua unidade de tempo foi definida como semana. Cada linha da figura representa um tipo de serviço sendo executado por uma equipe especializada. Deve-se ressaltar que essas linhas exprimem apenas serviços repetitivos. Ainda neste capítulo será abordada uma maneira para apresentar atividades não repetitivas em um plano conjunto com a linha de balanço.

Analisando a Figura 6.13, verifica-se que todos os serviços da linha apresentam ritmos de produção muito próximos, pois as inclinações das linhas são aproximadamente iguais. Esse tipo de linha de balanço é denominado "curva de produção balanceada". Porém, pode haver casos nos quais seja necessário reduzir ou aumentar o ritmo de determinada equipe para que um grupo de operários de uma especialidade não "esbarre" com outro grupo de mesma ou diferente especialidade no local de trabalho de ambos. Assim, deve-se procurar realizar uma análise de consistência dos ritmos de cada serviço para que não haja conflitos, como,

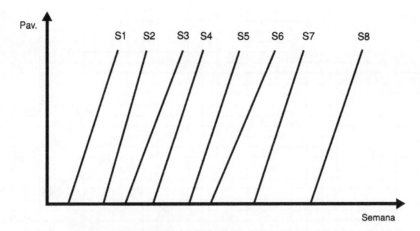

Figura 6.13 Exemplo de linha de balanço.

por exemplo, mão de obra ociosa aguardando liberação de local para trabalhar. As linhas de balanço que possuem serviços com ritmos diferentes ao longo do tempo são denominadas "curvas de produção desbalanceadas" (Fig. 6.14).

Para se descobrir o ritmo de uma equipe especializada, basta calcular o tempo que essa equipe levaria para executar seu serviço no pavimento em si, ou em outras palavras, a duração que ela levaria para executar uma unidade-base de programação. Isso pode ser feito tomando por base dados históricos da empresa de construção, consultando especialistas (como o subempreiteiro do serviço) ou, ainda, lançando mão de tabelas de composições unitárias existentes no mercado. Na seção de exercícios deste capítulo sugere-se a realização de uma atividade de cálculo de duração de um pavimento-tipo de um prédio. Nos Materiais Suplementares deste livro é disponibilizada sua solução e, também, um vídeo que esclarece uma possível forma de resolvê-la.

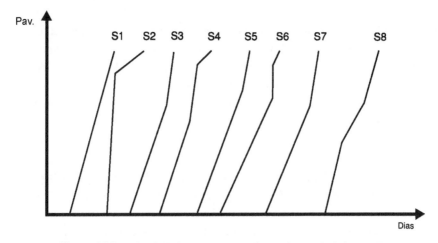

Figura 6.14 Linha de balanço ou curva de produção desbalanceada.

Em geral, o profissional responsável pela preparação de uma linha de balanço, muitas vezes, se depara com a necessidade de se criarem frentes de trabalhos que tenham ritmos equivalentes, de modo a facilitar o fluxo de trabalho na obra. Porém, isso nem sempre é possível em função das circunstâncias contextuais da obra: dificuldade de contratar mão de obra, problemas relativos ao fornecimento de materiais, pessoas que diferem em produção mesmo para nível de esforço similar etc. Nessas situações, é comum apresentar a linha de balanço que explicita serviços com equipes produzindo em ritmos de trabalho diferentes (Fig. 6.15).

Analisando a Figura 6.15, verificam-se situações nas quais serviços possuem ritmos diferentes de produção. Dessa forma, quando há serviços sequenciais, como os serviços I e II da figura, deve-se inserir na linha de balanço uma folga para início do serviço II. Caso contrário, a equipe do serviço II não teria frente de trabalho logo que iniciasse suas operações uma vez que a equipe do serviço I, por ter um ritmo mais lento, estaria ocupando aquele local de trabalho. Cabe salientar, porém, que quando um serviço possui um ritmo mais rápido que o serviço antecedente, as folgas na linha de balanço aparecem naturalmente. No exemplo da Figura 6.15, isso é mostrado nos pavimentos superiores entre os serviços II e III. Essas folgas também podem ser denominadas *buffers*.

A existência de *buffers* como os mostrados na Figura 6.15 pode passar a percepção errônea de que a melhor apresentação de uma linha de balanço ocorre quando essas folgas não existem (Fig. 6.16). Porém, a equalização de ritmos de serviços e a retirada de folgas, como apresentado na Figura 6.16, podem aumentar o risco de atrasos mediante conflitos entre as produções das equipes. Apesar de haver uma estimativa de ritmo de serviço para

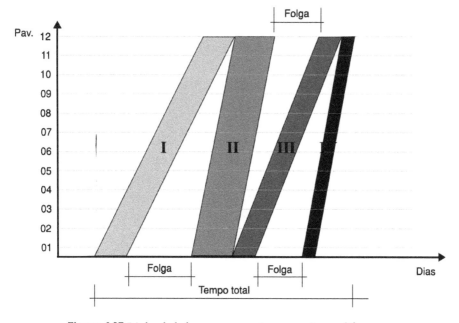

Figura 6.15 Linha de balanço com serviços com ritmos diferentes.

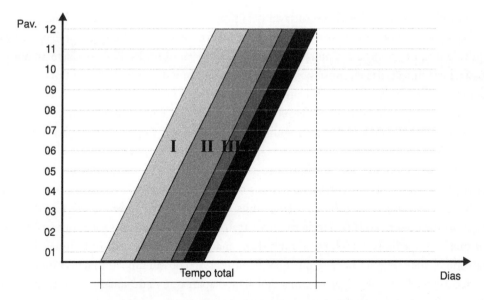

Figura 6.16 Linha de balanço com serviços com ritmos iguais.

a preparação da linha de balanço no momento em que tais serviços forem executados, eles estarão sujeitos aos efeitos da variabilidade intrínseca de produção de suas equipes. Assim, em determinadas situações, uma equipe poderá ser mais rápida que outra fazendo que, de algum modo, fique ociosa por não ter local de trabalho liberado por outra frente por conta de esta ter apresentado ritmo de trabalho mais lento.

6.3.1 Preparação de uma linha de balanço

Uma linha de balanço pode ser preparada lançando mão de planilhas eletrônicas ou de softwares específicos. De qualquer forma, o primeiro passo para sua preparação consiste na elaboração do CPM da unidade-base da programação. Para melhor exemplificar, será utilizado, neste tópico, as atividades de estrutura de concreto armado de um pavimento-tipo de um prédio residencial. A Figura 6.17 apresenta um sequenciamento sugerido para a execução da laje de concreto de uma unidade-base, desde a montagem das fôrmas de vigas e laje até a sua desfôrma, a qual deve ocorrer ao final da retirada do escoramento.

O CPM da unidade-base é a principal referência para a elaboração da linha de balanço. Ele indicará qual a sequência de lançamento das atividades no plano cartesiano. Admitindo que o prédio utilizado para exemplificação da construção da linha de balanço tem andar térreo mais cinco pavimentos-tipo, deve-se preparar a planilha para o lançamento dos serviços. A Figura 6.18 apresenta um possível exemplo dessa planilha.

As formas de apresentação das informações dependem da pessoa que as prepara. Alguns profissionais, por exemplo, possuem a prática de explicitar o eixo do tempo em dias. Contudo, se sua intenção for plotar a linha de balanço em sua integralidade para fixação no mural da obra, deve-se lembrar que, para obras com prazos superiores a 18 meses, a largura do

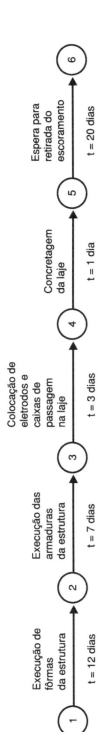

Figura 6.17 CPM de parte de atividades de um pavimento-tipo.

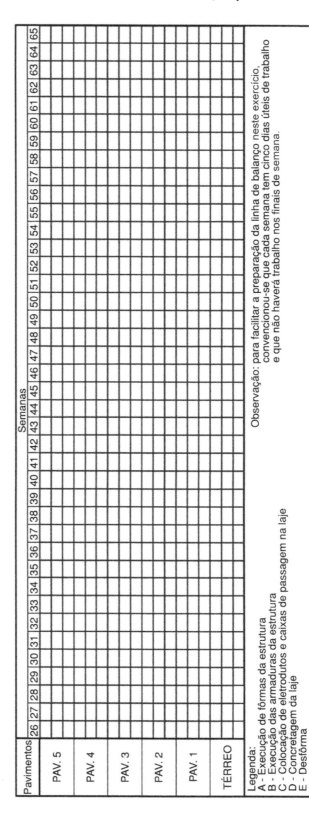

Figura 6.18 Planilha preparada para o lançamento dos serviços da linha de balanço.

plano pode ser demasiadamente grande. Assim, recomenda-se, nesses casos, que a unidade de tempo seja a semana, da mesma forma que apresentada na Figura 6.18. Na figura, as semanas de obras, desde o seu início, foram numeradas e admite-se, para o exemplo, que as atividades repetitivas da estrutura iniciarão na vigésima sexta semana.

Perceba que, na Figura 6.18, para cada unidade-base, foram previstas três linhas horizontais, de forma a permitir a colocação de até três equipes especializadas diferentes na mesma unidade-base na mesma semana de trabalho. Caso sua intenção seja trabalhar com mais equipes diferentes no mesmo local e na mesma semana de trabalho, mais linhas horizontais por unidade devem ser acrescentadas à planilha. Porém, deve-se alertar para o fato de que o excesso de equipes diferentes no mesmo local de trabalho, além de aumentar as chances de haver conflitos entre tarefas, pode afetar negativamente a produtividade como, também, a qualidade dos serviços em execução.Para facilitar o lançamento dos serviços na planilha, apenas para este exemplo, admitir-se-á que cada semana de trabalho possui cinco dias úteis de trabalho. É prudente, contudo, para linhas de balanço reais, inserir uma indicação em cada rótulo das colunas, referente à quantidade de dias úteis que se pode trabalhar em cada semana.

Depois de configurada a planilha, pode-se partir para o lançamento dos serviços tomando por base o CPM da unidade-base. Para este exemplo, utilizar-se-á o CPM apresentado na Figura 6.17. Perceba que a planilha da linha de balanço possui uma legenda que associa letras aos serviços. Para linhas de balanço reais, recomenda-se a criação de códigos que possam ser facilmente associados aos serviços. Como exemplo, o serviço de alvenaria pode receber o código ALV e o de estrutura pode receber o código EST, e assim por diante.

De acordo com o CPM da Figura 6.17, a primeira atividade que entrará no pavimento-tipo é a execução das fôrmas do pavimento-tipo. Para o exemplo, por execução, entende-se a montagem dos painéis das fôrmas já previamente preparados nos locais fixados em projeto. Como esse serviço é executado em 12 dias úteis, o mesmo foi lançado em três colunas com os seguintes códigos: A5, A5 e A2. Os números ao lado das letras designam a duração, em dias úteis, do serviço em cada semana de trabalho, ou em cada coluna da linha de balanço. A soma dessas durações deve ser igual àquela indicada no CPM, isto é, 12 dias úteis (Fig. 6.19).

O lançamento do serviço A (Execução das fôrmas da estrutura) poderia ocorrer em quaisquer uma das três linhas (superior, intermediária ou inferior) horizontais da planilha correspondente ao andar térreo. Optou-se, no exercício, por indicá-la na linha inferior (Fig. 6.19). A associação de cores aos serviços também é recomendada para facilitar a visualização da linha quando todo o plano tiver sido preparado.

Depois de lançado o primeiro serviço, pode-se partir para o próximo, isto é, deve-se lançar o serviço B, que é a execução das armaduras da estrutura. Antes de continuar, porém, deve-se fazer uma ressalva. Em geral, a execução da estrutura de concreto armado convencional de prédios de vários pavimentos é dividida em dois momentos específicos: a montagem de fôrmas e a colocação de armaduras nos pilares, seguido da concretagem desses últimos. Depois, num segundo momento, parte-se para a montagem das fôrmas de vigas e lajes do pavimento, a partir das esperas de armadura dos pilares que foram deixadas expostas para

Pavimentos	Semanas																																						
	26	27	28	29	30	31	32	33	34	35	36	37	38	39	40	41	42	43	44	45	46	47	48	49	50	51	52	53	54	55	56	57	58	59	60	61	62	63	64	65
PAV. 5																																								
PAV. 4																																								
PAV. 3																																								
PAV. 2																																								
PAV. 1																																								
TÉRREO	A5	A5	A2																																					

Legenda:
A - Execução de fôrmas da estrutura
B - Execução das armaduras da estrutura
C - Colocação de eletrodutos e caixas de passagem na laje
D - Concretagem da laje
E - Desfôrma

Observação: para facilitar a preparação da linha de balanço neste exercício, convencionou-se que cada semana tem cinco dias úteis de trabalho e que não haverá trabalho nos finais de semana.

Figura 6.19 Lançamento do primeiro serviço na linha de balanço.

sua amarração com os demais componentes da estrutura. No exemplo deste capítulo, houve uma simplificação. As atividades referentes à execução dos pilares não foram explicitadas na linha de balanço. Porém, para linhas de balanço reais, recomenda-se que sejam desenhadas linhas específicas para esse fim.

Pelo CPM da Figura 6.17, o serviço B deve iniciar só depois que o serviço A for finalizado. Assim, o serviço B pode ser começado a partir do terceiro dia útil da semana 28 da planilha (Fig. 6.20). Entretanto, apenas para efeitos de exemplificação, resolveu-se criar um *buffer* de um dia útil entre o término do serviço A e o início do serviço B, para amortecer qualquer tipo de imprevisto que viesse a provocar atraso no serviço A. Assim, como a semana 28 já possui dois dias úteis para a finalização do serviço A no térreo e mais um dia útil de *buffer*, restam dois dias úteis para começar os trabalhos do serviço B. Como esse serviço foi planejado para ser executado em sete dias úteis, o mesmo deve ser iniciado na semana 28, trabalhando nos dois dias úteis finais da semana 28, e complementado nos próximos cinco dias úteis da semana 29 (Fig. 6.20).

O *buffer* inserido absorverá o atraso do serviço A, se ele ocorrer. Isso foi feito, nesse exemplo, para indicar ao leitor que ele pode inserir *buffers* de proteção entre serviços. Mas, após o término do lançamento de todos os serviços na linha de balanço, deve-se analisar se as inserções de tais *buffers* não impactarão a data de entrega da obra. Caso haja impacto, deve-se retirar parte dos *buffers* e buscar, talvez, novas estratégias de sequenciamento do CPM, considerando até o aumento de equipes de trabalho por serviço para redução de durações.

O próximo serviço a ser lançado na linha é o C, isto é, colocação de eletrodutos e caixas de passagem na laje. Pelo CPM (Fig. 6.17), esse serviço deve ser executado em três dias úteis. Então o mesmo foi lançado na semana 30 (Fig. 6.21).

Para o lançamento do serviço D, isto é, a concretagem da laje e vigas, resolveu-se inserir um *buffer* de dois dias úteis ao término do serviço C, para propiciar a inspeção das fôrmas e armaduras conforme projeto, além de permitir que ele absorva atrasos no serviço C. Assim, a concretagem foi lançada na trigésima primeira semana de obra (Fig. 6.22).

A partir da concretagem, deve-se indicar o tempo de espera para desfôrma (serviço E), conforme indicado no CPM da Figura 6.17. Considerando que a laje deve ficar apoiada 28 dias corridos ou 20 dias úteis, a espera foi lançada na linha, e sua duração foi contada a partir do segundo dia útil da semana 31 (Fig. 6.23).

Admitindo-se que depois de sete dias úteis da concretagem, as fôrmas, a armadura e a concretagem dos pilares do primeiro pavimento já terão sido executados, então o serviço A, que consiste na execução das fôrmas das vigas e laje podem iniciar também no primeiro pavimento. Assim, considerando os quatro dias úteis da semana 31 após a concretagem do térreo e mais três dias úteis da semana 32, verifica-se que o serviço A do pavimento-tipo 1 deve ter seu início planejado nos últimos dois dias úteis da semana 32 (Fig. 6.24).

Depois do lançamento do serviço A para o pavimento 1, todos os demais devem seguir de acordo com a lógica anteriormente apresentada (Fig. 6.24). E isso será observado, também, para os próximos pavimentos (Fig. 6.25). Verifica-se, a partir desta etapa, todo o contexto dos serviços e a importância da utilização de cores para fins de diferenciação.

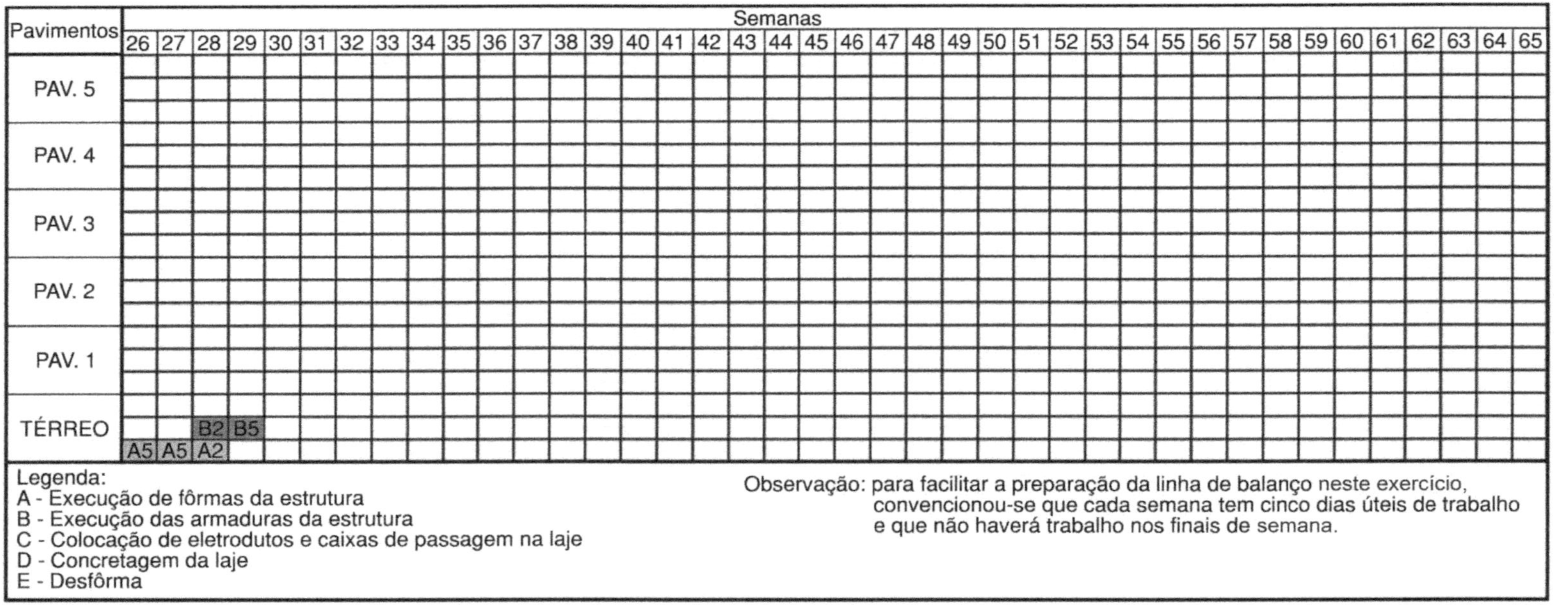

Pavimentos	Semanas																																							
	26	27	28	29	30	31	32	33	34	35	36	37	38	39	40	41	42	43	44	45	46	47	48	49	50	51	52	53	54	55	56	57	58	59	60	61	62	63	64	65
PAV. 5																																								
PAV. 4																																								
PAV. 3																																								
PAV. 2																																								
PAV. 1																																								
TÉRREO			B2	B5																																				
	A5	A5	A2																																					

Legenda:
A - Execução de fôrmas da estrutura
B - Execução das armaduras da estrutura
C - Colocação de eletrodutos e caixas de passagem na laje
D - Concretagem da laje
E - Desfôrma

Observação: para facilitar a preparação da linha de balanço neste exercício, convencionou-se que cada semana tem cinco dias úteis de trabalho e que não haverá trabalho nos finais de semana.

Figura 6.20 Lançamento do segundo serviço na linha de balanço.

102 Capítulo 6

Figura 6.21 Lançamento do terceiro serviço na linha de balanço.

Semanas: 26 27 28 29 30 31 32 33 34 35 36 37 38 39 40 41 42 43 44 45 46 47 48 49 50 51 52 53 54 55 56 57 58 59 60 61 62 63 64 65

Pavimentos: PAV. 5, PAV. 4, PAV. 3, PAV. 2, PAV. 1, TÉRREO

TÉRREO: A5 A5 A2 | B2 B5 | C3

Observação: para facilitar a preparação da linha de balanço neste exercício, convencionou-se que cada semana tem cinco dias úteis de trabalho e que não haverá trabalho nos finais de semana.

Legenda:
A - Execução de fôrmas da estrutura
B - Execução das armaduras da estrutura
C - Colocação de eletrodutos e caixas de passagem na laje
D - Concretagem da laje
E - Desfôrma

Técnicas de Preparação dos Planos 103

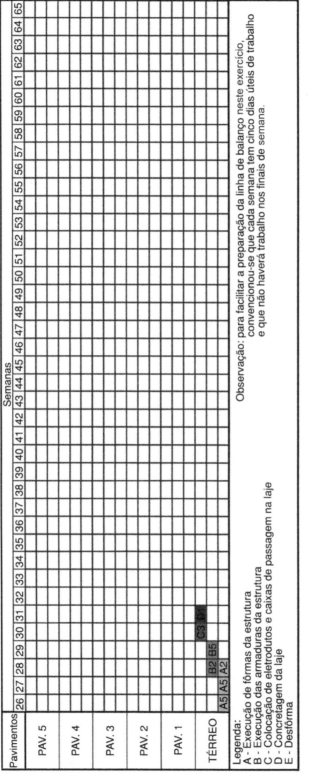

Figura 6.22 Lançamento do quarto serviço na linha de balanço.

Pavimentos	Semanas																																						
	26	27	28	29	30	31	32	33	34	35	36	37	38	39	40	41	42	43	44	45	46	47	48	49	50	51	52	53	54	55	56	57	58	59	60	61	62	63	64	65
PAV. 5																																								
PAV. 4																																								
PAV. 3																																								
PAV. 2																																								
PAV. 1																																								
TÉRREO				C3	D1																																			
			B2	B5		E4	E5	E5	E5	E1																														
	A5	A5	A2																																					

Legenda:
A - Execução de fôrmas da estrutura
B - Execução das armaduras da estrutura
C - Colocação de eletrodutos e caixas de passagem na laje
D - Concretagem da laje
E - Desfôrma

Observação: para facilitar a preparação da linha de balanço neste exercício, convencionou-se que cada semana tem cinco dias úteis de trabalho e que não haverá trabalho nos finais de semana.

Figura 6.23 Lançamento da espera na linha de balanço.

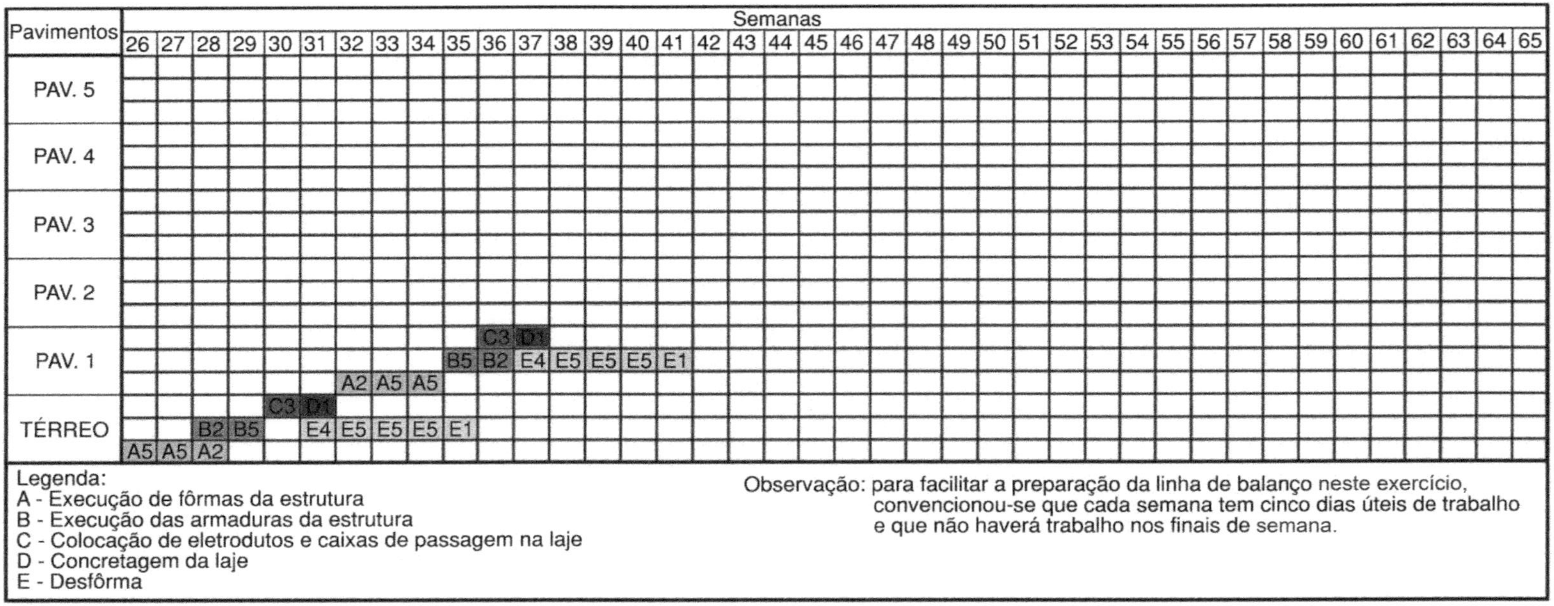

Pavimentos	26	27	28	29	30	31	32	33	34	35	36	37	38	39	40	41	42	43	44	45	46	47	48	49	50	51	52	53	54	55	56	57	58	59	60	61	62	63	64	65
PAV. 5																																								
PAV. 4																																								
PAV. 3																																								
PAV. 2										B5	C3 D1	B2	E4	E5	E5	E1																								
PAV. 1							A2	A5	A5	B5	C3 D1	B2	E4	E5	E5	E1																								
TÉRREO	A5	A5	A2	B2	B5	C3 D1	E4	E5	E5	E1																														

Legenda:
A - Execução de fôrmas da estrutura
B - Execução das armaduras da estrutura
C - Colocação de eletrodutos e caixas de passagem na laje
D - Concretagem da laje
E - Desfôrma

Observação: para facilitar a preparação da linha de balanço neste exercício, convencionou-se que cada semana tem cinco dias úteis de trabalho e que não haverá trabalho nos finais de semana.

Figura 6.24 Lançamento do próximo ciclo da estrutura na linha de balanço.

Figura 6.25 Linha de balanço com os serviços da estrutura de concreto armado.

Observação: para facilitar a preparação da linha de balanço neste exercício, convencionou-se que cada semana tem cinco dias úteis de trabalho e que não haverá trabalho nos finais de semana.

Legenda:
A - Execução de fôrmas da estrutura
B - Execução das armaduras da estrutura
C - Colocação de eletrodutos e caixas de passagem na laje
D - Concretagem da laje
E - Desfôrma

Por fim, deve-se alertar o leitor para duas questões importantes com relação à preparação da linha de balanço. A primeira diz respeito ao efeito aprendizagem. Perceba que nos serviços apresentados no exemplo todos eles possuem a mesma duração por pavimento. Contudo, recomenda-se que, para linhas de balanço reais, se estime uma duração maior para as unidades-base iniciais. Não existe uma lei para isso ou muito menos registro publicado. Porém, a título de recomendação, nas três unidades-base iniciais, pode-se utilizar um fator de majoração de duração de 30, 20 e 10 % da duração dos serviço indicada no CPM, respectivamente. A partir da quarta unidade-base, deve-se retornar à duração do CPM da unidade base.

A segunda questão deve considerar a forma de representação gráfica da linha. Existem profissionais que preferem explicitá-la por meio de uma linha simples, que denota o ritmo e não a duração que uma equipe especializada permanece na unidade-base. As duas formas de representação são corretas, e dependerá de o profissional decidir pela escolha de uma ou outra de acordo com seus interesses e motivações pessoais.

6.3.2 Como mostrar atividades não repetitivas na linha de balanço

Toda obra repetitiva apresenta uma parcela de atividades que não são repetitivas. Como a linha de balanço explicita serviços repetitivos, então uma forma de associar as não repetitivas ao mesmo plano é por meio da utilização da parte inferior da planilha (Fig. 6.26). Isso é importante para facilitar a visualização dos efeitos do sequenciamento entre serviços repetitivos e não repetitivos. Por exemplo, a montagem de elevador é um serviço não repetitivo. Contudo, esse serviço depende do término da alvenaria do poço do elevador, que é um

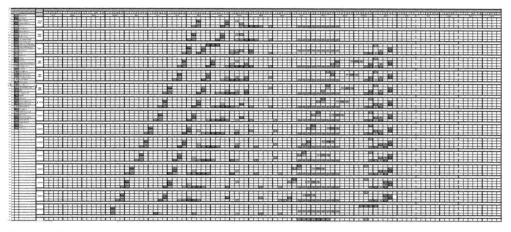

Figura 6.26 Linha de balanço explicitando serviços não repetitivos (representação de planilha reduzida). A planilha está disponível na íntegra no GEN-IO, ambiente virtual de aprendizagem do GEN | Grupo Editorial Nacional.

108   Capítulo 6

serviço repetitivo. Assim, a indicação de todos os serviços em um único documento facilita sobremaneira a observação de vinculações e possíveis interferências nos fluxos de trabalho da obra.

6.4 Diagrama de Gantt

Essa técnica é considerada como uma das mais antigas para a preparação de uma programação. Criada por Henry Gantt em 1917, a técnica consiste em um gráfico em que em um de seus eixos é representada a unidade de tempo para o controle e, no outro, as atividades que serão realizadas (Fig. 6.27). Pela facilidade de construção e interpretação, essa é uma das técnicas mais utilizadas na construção civil. Entretanto, uma de suas desvantagens é que não apresenta como as atividades estão vinculadas umas às outras, dificultando, assim, estudos da repercussão de possíveis atrasos no prazo de entrega da obra, caso o diagrama seja elaborado em planilhas eletrônicas. Obviamente, essa dificuldade pode ser superada com a utilização de programas computacionais específicos existentes no mercado.

Obra: Midas   Engenheiro: João   Mestre: José   Data: 01/01/1999

Atividades	Jan	Fev	Mar	Abr	Maio	Jun	Jul
Limpeza do terreno	██						
Instalações provisórias		██					
Fundações			██				
Estrutura			██	██	██	██	
Alvenaria				██	██	██	
...				██			
Limpeza da obra							██

Figura 6.27 Representação de parte de um Diagrama de Gantt.

6.5 Resumo do capítulo

Este capítulo apresentou as principais técnicas de preparação de plano de longo prazo da obra. Nesse sentido, abordaram-se as técnicas de rede, a linha de balanço e o diagrama de Gantt. Procurou-se detalhar tipos de representação gráfica para apresentação de uma rede de atividades, seja por meio do diagrama de flechas ou do diagrama de precedências. Em seguida, detalhou-se como elaborar e calcular uma rede de atividades pelo método do caminho crítico (CPM). Depois, a técnica da linha de balanço foi explicada, com a apresentação de etapas detalhadas para sua elaboração e organização. O conteúdo teórico do capítulo finalizou com a apresentação do diagrama de Gantt.

⬢ EXERCÍCIOS

6.1. Para as atividades G, H, N, O e U, defina suas equipes básicas e calcule suas produtividades, duração de uma equipe básica (EB), e quantas EB's serão utilizadas. Por fim, calcule suas durações adotadas. Para o cálculo, devem-se utilizar os dados de composição unitária apresentados no rodapé do quadro. Uma orientação sobre uma possível forma de realizar esse exercício, por meio de vídeo, foi disponibilizada no GEN-IO, ambiente virtual de aprendizagem do GEN | Grupo Editorial Nacional.

Vídeo 01
Exercício 6.1 - Solução

Atividades de um pavimento-tipo	Unidades	Quant.	Equipe básica (EB)	Produtividade (uma EB)	Duração (uma EB)	N° de EB's	Duração adotada
A. Estrutura do pavimento-tipo	m²	335	6C+2A+2P+6S	30 m²/dia	12	3	4
B. Inst. elétrica do pavimento-tipo	m	90	1E+1S	45 m/dia	2	1	2
C. Inst. hidráulica do pavimento-tipo	pto	8	1H+1S	10 pto/dia	1	1	1
D. Concretagem pavimento-tipo	m³	44	1P+6S	20 m³/dia	2,20	2	1
E. Espera para retirada do escoramento	dias	20	–	–	–	-	20
F. Salpique estrutura pavimento-tipo	m²	400	1P+1S	32 m²/dia	12,50	2	6
G. Elevação alvenaria pav.-tipo	m²	520					
H. Reboco do teto	m²	335					
I. Impermeabilização dos boxes	m²	3	1I+1S	20 m²/dia	0,15	1	1
J. Reboco de paredes	m²	520	2P+2S	80 m²/dia	6,50	1	6
K. Enfiação	m	90	1E+1S	50 m/dia	1,80	1	2
L. Colocação de piso e azulejo	m²	412	2Z+1S	40 m²/dia	10,30	2	5
M. Gesso do pavimento-tipo	m²	16	2G+1S	25 m²/dia	0,64	1	1
N. Massa corrida pavimento-tipo	m²	855					
O. Pintura 1ª demão pavimento-tipo	m²	520					

P. Esquadrias pavimento-tipo	und	15	2Q	10 und/dia	1,50	1	2
Q. Colocação de vidros pavimento-tipo	m²	22,50	1V+1S	30 m²/dia	0,75	1	1
R. Portas de madeira	und	12	2T	10 und/dia	1,20	1	1
S. Interruptores e tomadas	und	36	1E+1S	20 und/dia	1,80	1	2
T. Louças e metais	und	12	2Z	15 und/dia	0,80	1	1
U. Pintura 2ª demão	m²	520					

Legenda para as equipes:

A – Armador	Q – Colocador de esquadrias	Z – Azulejista	G – Empreiteiro de gesso
C – Carpinteiro	E – Eletricista	T – Colocador de portas	
P – Pedreiro	H – Hidráulico	V – Colocador de vidros	
M – Pintor	S – Servente	I – Empreiteiro de impermeabilização	

Observação: Os dados apresentados **NÃO** devem ser utilizados no cálculo de durações de obras reais, uma vez que diversos valores foram estimados de forma superficial. Para um cálculo adequado, recomenda-se utilizar tabelas de composições unitárias ou índices próprios da empresa.

Atividade G – Alvenaria Para execução de 1 m²: 1,50 h de pedreiro 1,50 h de servente	Atividade H – Reboco do teto Para execução de 1 m²: 0,60 h de pedreiro 0,60 h de servente	Atividade N – Massa corrida Para execução de 1 m²: 0,30 h de pintor 0,20 h de auxiliar	Atividades O e U – Pintura 1ª demão Para execução de 1 m²: 0,20 h de pintor 0,18 h de auxiliar

6.2. Calcule o CPM para a execução de todas as atividades do quadro do Exercício 6.1 a partir da rede apresentada abaixo. Identifique seu caminho crítico. Uma possível solução deste exercício foi disponibilizada no GEN-IO, ambiente virtual de aprendizagem do GEN | Grupo Editorial Nacional.

Vídeo 02
Exercício 6.2 - Solução

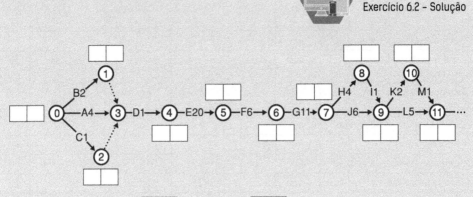

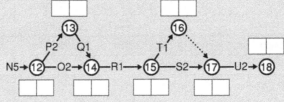

6.3. Elabore, na planilha apresentada abaixo, a linha de balanço para a construção de um prédio de sete pavimentos mais cobertura (considerar oito pavimentos no total). Utilize como referência as durações adotadas no quadro do Exercício 6.1 e o CPM do Exercício 6.2. A obra deve ser executada de janeiro a dezembro. Admita que as fundações já foram executadas e o mês de janeiro será dedicado à preparação de serviços não repetitivos. Os serviços repetitivos devem iniciar na primeira semana de fevereiro. Uma possível solução deste exercício foi disponibilizada no GEN-IO, ambiente virtual de aprendizagem do GEN | Grupo Editorial Nacional.

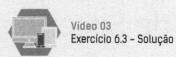

Vídeo 03
Exercício 6.3 - Solução

Diretrizes para o Desenvolvimento de Sistemas de Planejamento e Controle da Produção

7.1 Introdução

A avaliação dos sistemas de planejamento e controle da produção deve levar em consideração algumas diretrizes relacionadas com processo de implementação que podem contribuir para a melhoria do desempenho produtivo da empresa de construção. Este capítulo tem por objetivo apresentar tais diretrizes.

7.2 Diretrizes sobre o processo de implementação

7.2.1 Estabelecer uma equipe de desenvolvimento e implementação

Uma possível forma de viabilizar o desenvolvimento e a implementação do sistema de PCP é por meio do estabelecimento de uma equipe com funcionários da empresa. Essa equipe pode ser formada pelos usuários diretos do sistema a ser desenvolvido (diretor, engenheiro, estagiário e mestre de obras).

A formação de uma equipe composta por funcionários da empresa permite o envolvimento deles no desenvolvimento e na implantação do sistema, aumentando, assim, as chances de sucesso do sistema (IVES; OLSON, 1984). A função principal dessa equipe é utilizar o modelo de PCP ao caso da empresa.

Uma outra função dessa equipe, também muito importante para que o sistema possa ser implementado de maneira bem-sucedida, é preparar um plano de implementação a ser divulgado para os funcionários envolvidos com o trabalho. Nesse caso, a discussão obtida pela compreensão da utilização de determinado elemento do modelo pode, inclusive, alterar as metas globais já estabelecidas.

7.2.2 Utilizar um plano de implementação do sistema de PCP

O plano de implementação costuma ser bem recebido pelos funcionários da empresa envolvidos com o desenvolvimento do sistema. Os planos elaborados devem conter, prioritariamente, as datas, os horários e o local de desenvolvimento das atividades necessárias ao desenvolvimento de seus sistemas de PCP. Isso explica por que tais planos conferem uma grande visibilidade aos funcionários envolvidos no processo.

Uma forma de preparar esse tipo de plano é por meio da elaboração de um calendário de reuniões, seminários e cursos, que podem ocorrer, preferencialmente, em dias e horários fixos na semana, de maneira a estabelecer intervalos regulares entre os encontros e a facilitar um melhor gerenciamento do tempo pelos participantes.

Em geral, deve-se procurar fixar a duração das reuniões em no máximo uma hora e meia, período este em que a equipe de desenvolvimento deve procurar ser objetiva, de forma a evitar desinteresse ou desmotivação por parte do funcionário participante (KENDALL; KENDALL, 1991).

Para a preparação desse plano, torna-se importante avaliar, junto aos funcionários que participarão do trabalho, se existe disposição para a realização desses encontros em uma frequência semanal. Manifestações contra ou a favor da proposição podem, inclusive, servir como um possível indicador das possíveis resistências que poderão ser encontradas durante a realização do trabalho.

Um dos elementos mais importantes do plano são as datas-marco nas quais são definidas as metas a serem atingidas. Essas metas podem ser descritas por patamares de desempenho atingido por determinado indicador de planejamento. Assim, pode-se fixar, por exemplo, uma meta de se atingir em dois meses um PPC médio de 70 %, com uma redução de 50 % de seu coeficiente de variação do primeiro para o segundo mês de trabalho. Outro exemplo de meta é a realização de reuniões de avaliação do sistema e de tomada de decisão para correção dos desvios. O sistema de indicadores de planejamento e controle da produção proposto por Oliveira (1999), apresentado no Anexo deste livro, pode servir de ponto de partida para a equipe de desenvolvimento fixar as metas pretendidas.

Cabe ressaltar que esse plano deve ser constantemente revisado e apresentado a todos os funcionários participantes. Nesse sentido, pode-se, inclusive, durante a sua revisão, estabelecer outras metas que devem ser alcançadas pelo grupo como um todo. Evidentemente, a fixação dessas novas metas depende da análise da equipe de desenvolvimento, realizada de acordo com o desempenho que a produção está atingindo.

Seminário inicial

Uma atividade importante que deve constar do plano de implementação consiste na realização de um seminário inicial formal que apresente a todos os seus funcionários a importância da realização do trabalho. A necessidade de um seminário inicial também é salientada por Thiollent (1998). Segundo esse autor, uma das funções principais desse seminário é colocar à disposição dos participantes os conhecimentos de ordem teórica ou prática para facilitar a discussão dos problemas. Embora discussões similares tenham sido realizadas nas reuniões

114   Capítulo 7

de desenvolvimento da pesquisa, percebe-se que elas não receberam um caráter formal, salientando a importância da participação de todos os envolvidos.

Após terem sido levantados os problemas do processo, o grupo pode tentar elaborar um plano global de desenvolvimento e implementação, visando a atuar na melhoria do planejamento da produção. A concessão de um prêmio, como, por exemplo, a divisão de todo o lucro que exceder 50 % do lucro previsto, para todos os funcionários envolvidos pode auxiliar no envolvimento dos mesmos. A concessão de prêmios é preconizada por Joshi (1991) como forma de se aumentar a parcela dos benefícios que se poderá adquirir com o novo sistema.

Divulgação do processo de mudança

O plano de implementação deve conter, também, atividades referentes à divulgação na empresa sobre o processo de mudança ao qual ela será submetida. A divulgação está relacionada com a disponibilização de informações para os funcionários da empresa, como, por exemplo, quais os objetivos gerais da mudança, o dia em que irá ocorrer o seminário inicial, bem como datas relativas ao desenvolvimento das reuniões de desenvolvimento do sistema de PCP e informações, em linhas gerais, de como o novo sistema irá operar. Como o seminário deve ser considerado um grande evento da empresa, o material informativo apresentado deve corresponder, em qualidade, à importância do mesmo.

A função do material informativo é reduzir a incerteza quanto às atividades que serão realizadas pelos demais funcionários da empresa. De acordo como Sulivan (1988)[1] *apud* Mayfield *et al.* (1998), tanto o desempenho como a satisfação do empregado aumentam à medida que essa ação ocorre.

Outro objetivo do material informativo é facilitar a avaliação, por parte dos funcionários que não estão envolvidos no processo de desenvolvimento, dos elementos propostos. De posse desse material, os funcionários têm maiores condições de expor seus pontos de vista e verificar se o novo sistema está de acordo com a sistemática de trabalho adotada pela empresa, visto que essa é uma das principais preocupações dos engenheiros envolvidos, identificada durante a avaliação do modelo nas empresas participantes.

7.2.3   Estabelecer um programa de treinamento

Uma outra diretriz que deve ser seguida durante o desenvolvimento e a implementação dos sistemas de PCP é a realização de um programa de treinamentos, direcionado para os funcionários que irão utilizar o sistema. Os treinamentos devem contemplar o significado dos elementos do modelo, explicando como eles estão vinculados aos princípios da *lean construction*. Assim, nos estágios preliminares de desenvolvimento, nos quais o modelo de PCP está sendo moldado à realidade da empresa, a equipe pode assumir uma característica de grupo de estudo em prol da compreensão das definições envolvidas.

O programa de treinamento deve conter, também, módulos que venham a auxiliar os diretores, engenheiros e mestres a tomar decisões de acordo com os indicadores coletados

---

[1] SULIVAN, J. The Three Roles of Language in Motivation Theory. *Academy of Management Review*. Vol. 13, pp. 104-115, 1988.

pelo sistema. Isso ocorre porque foi verificado, no desenvolvimento do trabalho, que essas entidades, em geral, não sabiam como interpretar os dados coletados, dificultando, assim, uma tomada de decisão compatível com esses dados. A dificuldade associada à identificação das decisões a serem tomadas para a minimização dos problemas no canteiro evidencia, então, que as competências desses profissionais precisam ser mais bem trabalhadas.

Fleury e Fleury (2000) definem competência como "um saber agir responsável e reconhecido, que implica mobilizar, integrar, transferir conhecimentos, recursos, habilidades, que agreguem valor econômico à organização e valor social ao indivíduo". Por sua vez, Parry (1996) a define como "um agrupamento de conhecimentos, habilidades e atitudes correlacionadas que afeta parte considerável da atividade de alguém, relacionando-se com o desempenho no trabalho, além de poder ser melhorada por meio de treinamento e desenvolvimento".

Segundo Lantelme (2001), embora a utilização de abordagens dirigidas ao desenvolvimento gerencial com fundamentação no conceito de competência apresente como benefício o foco na ação e no comportamento gerencial, pode-se considerar que não existe um consenso sobre quais são as competências gerenciais e como defini-las.

Mesmo sem uma identificação precisa das competências gerenciais, percebe-se, pelas considerações acima, que elas podem ser melhoradas por meio da realização de processos de treinamento. Nesse caso, programas de treinamento bem desenvolvidos visam a reduzir o esforço de aprendizagem e frustração durante o uso do sistema (WIEDENBECK *et al.*, 1995). Segundo Aquino (1980), o treinamento visa a fornecer ao empregado melhores conhecimentos, habilidade e atitudes, para que as inovações relacionadas com as suas atividades não estejam dissociadas das modificações do mercado de trabalho que o cerca.

Desse modo, é importante que, depois de elaborado o plano detalhado de implementação, bem como discutidos e compreendidos os elementos do modelo de planejamento pela equipe de desenvolvimento, seja realizado um curso de planejamento e controle da produção, de forma a repassar os elementos estudados do modelo para os funcionários que não participaram da equipe de desenvolvimento.

O curso pode ser ministrado pela equipe de desenvolvimento de forma a mostrar, para os demais participantes, que os próprios funcionários da empresa estão envolvidos com o novo sistema. Entretanto, caso essa tarefa seja delegada a profissionais externos à empresa, o diretor técnico deve participar como coordenador do treinamento, visto que, normalmente, é ele o responsável pelo processo decisório (CHIAVENATO, 1994).

Durante o processo de implementação e depois de finalizado esse curso inicial, podem-se realizar módulos de reforço de forma a facilitar a compreensão dos conceitos e objetivos fixados. Isso é colocado para evitar possíveis esquecimentos de definições e princípios básicos utilizados.

Concluído o curso de planejamento, é necessário que o processo de treinamento continue ocorrendo na empresa (AQUINO, 1980). Nesse caso, podem-se utilizar como ponto de partida para o treinamento os problemas listados durante as reuniões de avaliação, ou aqueles observados pela equipe de desenvolvimento ao longo da implantação dos elementos do modelo. Desse modo, pode-se tentar corrigir esses problemas por meio de exemplos práticos apresentados durante o próprio treinamento.

7.2.4 Auxiliar os funcionários no gerenciamento do tempo necessário à implementação da mudança

Durante o processo de desenvolvimento e implantação dos sistemas de planejamento e controle da produção das empresas participantes, alguns engenheiros podem salientar que a etapa de preparação dos planos está consumindo um tempo de que eles normalmente não dispõem ao longo da semana. Isso ocorre porque, normalmente, esses engenheiros gerenciam mais de uma obra, tornando, assim, difícil para eles encontrarem um tempo adequado para o planejamento.

Segundo Senge *et al.* (2000), o problema fundamental, na realidade, não é a falta de tempo em si, mas a falta de flexibilidade de tempo. Esta pode ser entendida como a dificuldade apresentada por determinado funcionário em participar da implementação de mudanças na empresa devido ao excesso de atividades que ele está executando durante o seu período de trabalho.

A falta de flexibilidade de tempo é mais acentuada nos estágios iniciais do processo de mudança (Senge *et al.*, 2000). Isso ocorre porque, à medida que esse processo é iniciado, os funcionários envolvidos ainda estão, normalmente, executando atividades e resolvendo problemas relacionados com as suas antigas rotinas de trabalho. Contudo, uma vez que os funcionários aprendem com os resultados advindos do processo de mudança, o tempo se torna uma restrição menor, visto que os funcionários se tornam mais eficientes no desenvolvimento de suas atividades (Senge *et al.*, 2000).

Assim, é importante que durante o diagnóstico do sistema de planejamento sejam identificados períodos, durante o dia de trabalho, segundo os quais o funcionário está mais disponível. Essa diretriz pode auxiliar no estabelecimento dos horários das reuniões propostas no plano de implementação, minimizando problemas de falta de tempo.

7.2.5 Estabelecer alternativas de participação e de envolvimento

No que tange à participação, uma importante diretriz para o desenvolvimento e a implementação do sistema de PCP relaciona-se com a delegação de tarefas a futuros usuários do sistema, como, por exemplo, a solicitação para o desenvolvimento de um novo tipo de planilha ou indicador. Por sua vez, o envolvimento pode ser acompanhado por algum indicador que permita à equipe identificar se um funcionário está realmente envolvido com o processo de desenvolvimento e de implementação (Baroudi *et al.*, 1986).

Evidências observadas em empresas de construção permitem confirmar o exposto. Essas empresas são as que apresentam os melhores resultados em termos de melhoria do desempenho do PCP. Alguns fatores podem também influenciar as atitudes dos funcionários em prol do envolvimento:

a **o sistema só é implantado quando o engenheiro e o diretor técnico estão cientes dos resultados positivos advindos com a implementação**: isso é confirmado por Joshi (1991), segundo o qual o aumento do envolvimento pode ocorrer na medida em que os usuários do novo sistema identificam claramente os benefícios dele advindos;

b **o plano de desenvolvimento é suficientemente discutido com todos os envolvidos, fazendo com que esses funcionários saibam, claramente, quais as suas funções**: esse fator é citado por Sulivan (1998) *apud* Mayfield *et al.* (1998);

Diretrizes para o Desenvolvimento de Sistemas de Planejamento e Controle da Produção **117**

c **as exigências de qualidade e de cumprimento de prazo por parte do cliente ou de seu representante**: esse fator faz com que o engenheiro e o diretor da empresa considerem a realização do trabalho essencial para o cumprimento desses objetivos;

d o amadurecimento dos conceitos relativos ao modelo de PCP e ao próprio modelo frente à experiência obtida com implementações em obras anteriores.

7.2.6 Utilizar tecnologia da informação para minimizar o tempo de preparação dos planos

Essa diretriz refere-se à utilização da tecnologia de informação para aumentar a eficiência dos funcionários envolvidos com o trabalho na preparação dos planos. A análise dessa diretriz não pode ser considerada prioritária para o sucesso do desenvolvimento e da implementação do sistema, mas facilita o processo de implementação, pois diminui a carga de trabalho dos participantes.

Embora um sistema computacional não resolva por si só todos os problemas da empresa, dependendo da forma com que for desenvolvido, a sua aplicação pode propiciar a diminuição do tempo necessário à etapa de preparação dos planos.

Nesse caso, percebe-se que existem programas computacionais que podem trabalhar nos três níveis básicos de planejamento (longo, médio e curto prazos) isoladamente e sistemas integrados mais sofisticados que possibilitam, inclusive, uma hierarquização das metas nos níveis supracitados. Porém, esses programas são destinados, em geral, ao desenvolvimento da parcela do processo de PCP referente à coleta de informações, preparação dos planos e difusão da informação, deixando para o usuário as etapas de preparação e a avaliação do processo que, de acordo com Laufer e Tucker (1987), não são realizadas a contento.

A redução no tempo de preparação dos planos é justificada na medida em que, por meio do recurso computacional, evitam-se, por exemplo, as atividades repetitivas de se copiarem, ao longo das semanas, pacotes de trabalho correspondentes aos planos de médio prazo, como, por exemplo, o plano *lookahead*. Nesse último caso, como esse plano é móvel, isto é, semanalmente ele é preparado para as próximas cinco semanas, o trabalho de repassar os pacotes pertencentes ao plano elaborado em uma semana para o da semana seguinte pode ser considerado enfadonho e cansativo.

Outro aspecto que cabe ser salientado refere-se a uma melhor organização dos dados e à facilidade para arquivamento dos planos e elaboração de relatórios de controle. Desse modo, a utilização de sistemas computacionais para esse fim pode reduzir, também, o tempo de preparação dos planos, visto que o acesso a dados arquivados pode ocorrer de maneira mais rápida.

7.2.7 Utilizar o sistema de indicadores do PCP para avaliação do processo de implementação

O controle do processo de implementação deve ocorrer para se verificar se o sistema de planejamento está sendo operacionalizado conforme preconizado. Assim, pode-se utilizar o sistema de indicadores do PCP para avaliação do processo de implementação.

Durante o transcorrer da obra, esses indicadores podem ser divulgados durante as reuniões de planejamento, bem como ser disponibilizados em local visível para que todos tenham conhecimento da real situação da produção. Porém, é necessário que esses funcionários sejam treinados adequadamente para poderem interpretar o significado dos indicadores.

Aliado aos indicadores propostos, pode-se utilizar, também, um gráfico de acompanhamento do número de ocorrências de problemas, que demonstra claramente se eles estão diminuindo frente às decisões tomadas. Esse gráfico acaba se constituindo em um meio potencial de demonstração de resultados positivos advindos com a utilização do sistema de PCP desenvolvido.

Contudo, um fator que pode propiciar o sucesso do sistema de planejamento é o estabelecimento de reuniões periódicas para a correção de desvios ou a solução de problemas que tenham como produto principal uma decisão ou um conjunto de decisões embasadas não só em dados qualitativos como também no conjunto de indicadores supracitados.

O registro da decisão ou decisões tomadas é tão importante quanto a necessidade dessas reuniões. Ele se constitui em uma forma organizada de armazenar a informação, facilitando seu acesso em análises posteriores (GALSWORTH, 1997). Dessa maneira, podem-se analisar posteriormente os efeitos das decisões na elaboração dos gráficos de evolução dos indicadores de desempenho coletados. Evidentemente, cabe ressaltar que a análise das repercussões das decisões tomadas pode facilitar ainda o processo de aprendizagem dos envolvidos, formando, assim, a base para a melhoria contínua dos processos produtivos.

7.2.8 Considerar os problemas externos na proteção da produção

Os problemas que ocorrem no ambiente externo da produção, como, por exemplo, chuva, interferência por parte do cliente, entre outros, são causados, em geral, por fatores naturais, tornando-se difícil sua resolução (HOPP; SPEARMANN, 1996). Entretanto, pode-se proteger a produção contra seus efeitos nocivos com a consideração deles durante a preparação dos planos. Por meio dessa diretriz, são estabelecidos antecipadamente planos alternativos para as equipes cujos pacotes de trabalho possam ser afetados por essa fonte de incerteza, de forma a não haver sérias interrupções no ritmo de produção.

Diante desse quadro, uma possível forma de se trabalhar em prol da redução desse tipo de problema é não carregar a capacidade das equipes ao máximo, para a absorção dos efeitos da incerteza a eles associados, principalmente nos pacotes que têm uma vinculação direta com esses problemas.

7.2.9 Analisar os dados preliminares

A análise dos dados preliminares, referentes ao desempenho do PCP, é uma das diretrizes que deve ser observada de maneira criteriosa, visto que talvez seja a primeira vez que a empresa os esteja coletando. Algumas vezes, esses dados podem indicar deficiências no processo de implementação, como, por exemplo, uma hierarquização e definição errônea de uma meta operacional, causadas por um problema de compreensão durante o curso ou treinamento do funcionário responsável pela elaboração do plano. Dessa forma, as primeiras semanas podem servir de embasamento para o aprimoramento dos conceitos e princípios apresentados no curso inicial de planejamento.

Contudo, mesmo que os funcionários tenham compreendido corretamente a forma pela qual estão fundamentados os conceitos e princípios trabalhados, bem como tenham preenchido corretamente os planos, é possível que os dados preliminares não demonstrem uma melhoria no desempenho da produção. Isso se deve ao fato de que antes não eram coletados dados que possibilitassem analisar o desempenho da produção e, em segundo lugar, no momento em que os dados são coletados, a produção pode não estar com alguns de seus processos produtivos estabilizados, significando, dessa forma, que eles podem estar sujeitos a uma alta variabilidade.

Portanto, cabe à equipe de desenvolvimento e implementação repassar e tranquilizar os demais funcionários envolvidos quanto aos possíveis problemas que podem ser detectados pelos dados preliminares, de forma a evitar qualquer tipo de resistência que venha a surgir devido ao baixo desempenho do sistema, demonstrado, principalmente, nas primeiras semanas de trabalho.

7.3 Resumo do capítulo

Este capítulo apresentou uma série de diretrizes sobre o processo de implementação do modelo proposto em empresas de construção. Cabe ressaltar, ainda, que não se pretendeu tornar este capítulo simplesmente uma lista de elementos ou conceitos repetidos, tidos como bem-sucedidos no referencial teórico da implementação de sistemas ou da administração da produção. O objetivo do capítulo foi apresentar uma série de considerações que se evidenciaram durante a experiência obtida com o desenvolvimento e a implantação do modelo em empresas de construção.

Estudo de caso

Tomando por base o estudo de caso da empresa fictícia A apresentado ao final do Capítulo 4 deste livro, elabore um plano de trabalho para implementação de um novo sistema de PCP para aquela empresa. Utilize como base os tópicos referentes ao processo de implementação detalhados no presente capítulo.

O Caso de uma Empresa Dirigida à Construção de Edifícios Residenciais

8.1 Introdução

Este capítulo tem por objetivo apresentar um caso de desenvolvimento e implementação de um sistema de planejamento e controle da produção em uma empresa voltada para a construção de obras residenciais. Alguns dados, nomes e problemas foram mudados para preservar a imagem da empresa estudada.

O sistema foi desenvolvido de acordo com as etapas do modelo apresentado no Capítulo 5. Durante o desenvolvimento e a implementação do sistema na empresa, procurou-se seguir as diretrizes propostas no Capítulo 7. Pretende-se, com isso, facilitar o aprendizado do leitor sobre a utilização dos conceitos apresentados neste livro.

Cabe salientar que o sistema de planejamento e controle da produção pode ser utilizado como referência para empresas de construção que desejarem desenvolver seu próprio sistema. Não se recomenda, contudo, que o sistema seja implementado sem que tenha sido ajustado às particularidades organizacionais da empresa. Deve-se ressaltar também que, depois de seu desenvolvimento, a empresa deve procurar realizar os ajustes necessários aos elementos do modelo apresentado no Capítulo 5. Em geral, esses ajustes devem ocorrer de maneira orgânica, conforme as próprias restrições que o sistema irá apresentar ao longo de sua operação.

8.2 A empresa estudada

A empresa estudada atua no mercado de construção e incorporação de obras residenciais, destinadas à classe média alta, em uma cidade do Rio Grande do Sul. O estudo procurou intervir diretamente no processo de planejamento e controle da produção de uma das obras da empresa supracitada. Esta empresa, doravante denominada Empresa A, iniciou suas atividades há quatro anos e estava construindo, até o momento da realização do estudo, um prédio residencial. A empresa é considerada de pequeno porte, de acordo com a classificação do Sebrae/RS, visto que possuía três funcionários registrados (nesse número já estava incluído o proprietário da empresa, que assumia o papel de diretor). O organograma da empresa estudada é apresentado na Figura 8.1.

Figura 8.1 Organograma da Empresa A.

O diretor assume as funções financeira, administrativa e contábil, bem como lida com o marketing do empreendimento que estava sendo construído e com as negociações com os clientes, fornecedores de materiais e prestadores de serviços. O setor técnico, por sua vez, é representado por um engenheiro, que assumia as funções de preparação do orçamento, revisão e alteração de projetos e controle de obras.

A secretária responde pelas funções de programação de pagamento de contas ou recebimentos em bancos, bem como pelo atendimento telefônico e gerenciamento dos e-mails recebidos pela construtora. Também é função da secretária a compra de insumos de baixo valor monetário. Esses últimos, em geral, são solicitados pelo engenheiro da obra e normalmente são cargas de areia ou outros materiais graúdos, ou, ainda, cimento, pregos, entre outros.

A empresa não dispõe de mão de obra própria para a execução das atividades no canteiro de obras. Assim, costuma terceirizar os serviços de construção junto a subempreiteiros especializados na cidade onde atua.

8.3 O sistema de planejamento e controle utilizado pela Empresa A

O sistema de planejamento e controle da produção utilizado pela Empresa A era constituído de dois níveis principais. No primeiro nível, ou nível de longo prazo, era preparado um cronograma físico da obra utilizando o programa Excel©. Em geral, o cronograma era desenvolvido tendo por base o orçamento do empreendimento, os projetos executivos e a experiência do engenheiro da obra na execução de serviços similares. A estimativa de duração dos serviços era realizada inclusive de acordo com a experiência do engenheiro da obra, não utilizando, portanto, índices de produtividade médios do setor. Um exemplo desse cronograma é apresentado na Figura 8.2.

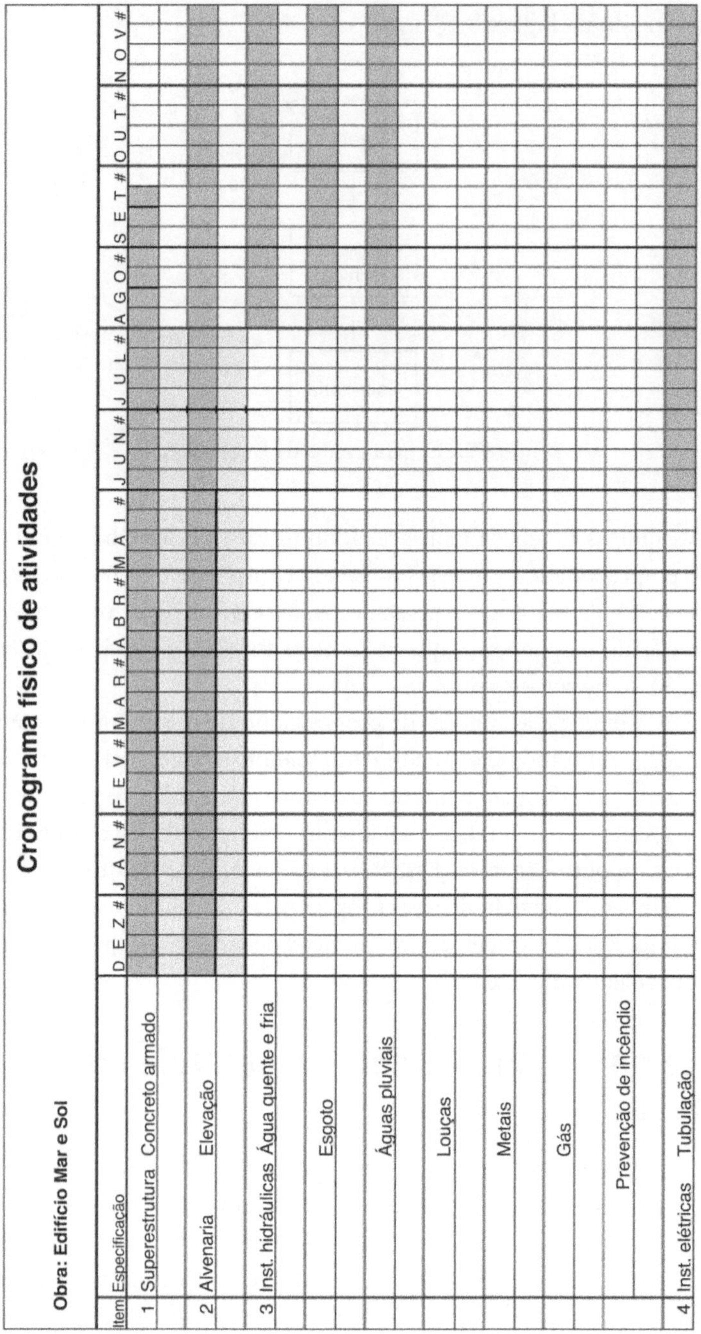

Cronograma físico de atividades

Obra: Edifício Mar e Sol

Item	Especificação		DEZ#	JAN#	FEV#	MAR#	ABR#	MAI#	JUN#	JUL#	AGO#	SET#	OUT#	NOV#
1	Superestrutura	Concreto armado												
2	Alvenaria	Elevação												
3	Inst. hidráulicas	Água quente e fria												
		Esgoto												
		Águas pluviais												
		Louças												
		Metais												
		Gás												
		Prevenção de incêndio												
4	Inst. elétricas	Tubulação												

Figura 8.2 Exemplo de cronograma utilizado pela Empresa A no empreendimento estudado.

Em um segundo nível, ou nível de curto prazo, o engenheiro da obra, de posse do cronograma, informava verbalmente ao mestre de obras as atividades que deveriam ser realizadas pelos subempreiteiros. O mestre de obras, por sua vez, se encarregava de repassar as metas fixadas pelo engenheiro para os encarregados das equipes de produção, também verbalmente.

Não havia um dia fixo da semana ou do mês para o repasse das metas do engenheiro para o mestre de obras. O repasse ocorria à medida que o cronograma era atualizado pelo engenheiro. A atualização era realizada quando os serviços atrasavam.

De acordo com o engenheiro e o mestre de obras, não havia como identificar claramente as causas dos atrasos. Segundo eles, os problemas principais residiam nas condições climáticas, nas constantes interferências por parte dos clientes que haviam adquirido os imóveis e na dificuldade da empresa de vender alguns apartamentos, principalmente em momentos de crise do mercado financeiro.

8.4 Diagnóstico do sistema de planejamento e controle da produção utilizado

Pelo relato do funcionamento do sistema de planejamento e controle da produção da Empresa A, podem-se fazer as seguintes considerações:

a algumas vezes, as informações transmitidas do engenheiro para o mestre de obras eram compreendidas de forma equivocada por este último. Isso causava alguns problemas, principalmente de ordem motivacional, na mão de obra, na medida em que a compreensão errônea causava retrabalho de serviços executados;

b a existência de dois níveis de planejamento para obras de longo prazo, com as atividades do cronograma geral explicitadas em um alto grau de agregação, sendo o curto prazo realizado por meio da troca de informações verbais, pode ocasionar alguns problemas. Inicialmente, apenas pelo monitoramento informal, torna-se muito difícil a identificação dos efeitos dos atrasos das atividades no cronograma geral da obra. Em segundo lugar, a existência desses dois níveis dificulta a identificação de restrições que normalmente só são explicitadas quando as atividades do cronograma geral são decompostas em parcelas menores. Essa decomposição deve ser realizada em um nível de planejamento de médio prazo, visto que nesse horizonte de incerteza sobre a realização de algumas atividades é bem menor do que no nível de longo prazo;

c muitos profissionais têm uma concepção errônea sobre as causas dos problemas. Segundo eles, quando não se sabe a causa real do problema, é melhor pecar por omissão para não revelar o verdadeiro culpado da falha. Isso explica o porquê de a empresa atribuir as causas principais dos problemas a elementos externos, como o clima, os clientes ou o mercado financeiro. Isso cria um sentimento de conchavo entre os envolvidos. Pode-se comumente pensar da seguinte forma: "Eu sei realmente qual foi a causa da falha, mas, se a revelar, posso perder a confiança da minha equipe de trabalho." Esse tipo de pensamento acaba interferindo negativamente no sistema, uma vez que os mesmos problemas aparentes se perpetuam ao longo do tempo, sem que ninguém saiba quais são as reais causas dos problemas dos atrasos. Com isso, o processo de aprendizagem individual e organizacional fica seriamente comprometido, e os profissionais continuam atribuindo a causas externas os atrasos na obra;

d   não há nada de errado em utilizar a experiência do engenheiro da obra na preparação do cronograma de atividades da obra. Porém, a construção de uma edificação residencial de vários pavimentos pode abranger um grande número de atividades. Em situações de estresse, a mente humana fica normalmente sobrecarregada, e a possibilidade de ocorrência de erros aumenta. Com isso, torna-se mais difícil precisar exatamente as datas de início e de fim das atividades. Além disso, a experiência desses profissionais não contempla, em geral, a melhor situação, uma vez que já está embutida na estimativa uma folga para absorver possíveis atrasos. É evidente que, se esses profissionais procurassem identificar claramente as reais causas dos problemas que ocorrem na obra e atuassem de maneira proativa, poder-se-iam enxugar os prazos de execução. Isso significa que, em geral, a estimativa é realizada para encobrir as reais deficiências existentes no processo de execução das atividades;

e   como existem várias partes trabalhando em um mesmo empreendimento, é comum que diferentes profissionais compreendam uma mesma informação repassada pelo mestre de obras de formas diferentes. Daí a importância de se atribuir certo patamar de formalidade ao sistema e definir por escrito, e claramente, as metas que cada equipe deve realizar.

8.5 Algumas características de edifícios residenciais

Edifícios residenciais possuem características que influenciam sobremaneira o desenvolvimento do sistema de planejamento e controle da produção a ser projetado por uma empresa de construção. Procura-se, nesta seção, apresentar algumas dessas características e a forma pela qual elas influenciam no desenvolvimento do sistema. Essas características são listadas a seguir:

a   o número de clientes pode variar para uma mesma obra. Em geral, durante a construção de um edifício residencial, não se trabalha com um único cliente. Mesmo que a construtora tenha sido contratada por um único cliente, que assume o papel de investidor, certamente os futuros compradores dos imóveis terão algum tipo de contato com os profissionais responsáveis pela construção. Nesse caso, quanto maior o número de clientes, maiores são as chances de haver um número maior de solicitações de serviços extras que não haviam sido especificados no projeto original. Embora essas modificações tenham custos associados para o cliente e para a construtora, a empresa deve estar organizada de tal maneira que possa, em tempo hábil, incluir as alterações no cronograma da obra. Isso deve ocorrer como forma de minimizar os efeitos das interferências das alterações na data de entrega do empreendimento, bem como a probabilidade de ocorrência de retrabalhos. O fluxo de informações que respaldará o sistema de planejamento e controle da produção deverá então ser muito eficiente para evitar o surgimento de perdas no processo.

b   o ritmo das atividades geralmente é atrelado às vendas efetuadas no período. Em algumas empresas, o ritmo de execução das atividades no canteiro de obras é atrelado à taxa de vendas efetuadas em determinados períodos. Assim, quando ocorrem períodos seguidos de baixa nas vendas, comprometendo a previsão de receitas da empresa, há casos de o construtor diminuir o ritmo dos serviços, dispensando ou transferindo parte da mão de obra alocada na obra para outros empreendimentos. Embora a taxa de vendas esteja ligada a diversas variáveis, como a realização de uma estratégia de marketing compatível com as necessidades do mercado, pode-se procurar minimizar o efeito das taxas de vendas aumentando o período de execução da obra (de 18 para 24 meses, por exemplo). Com isso aumentam-se as chances de passar pelos momentos de crise sem perdas significativas ou atribui-se mais tempo para implementar uma nova estratégia de vendas.

c   o prazo de entrega da obra é normalmente superior a um ano. Um empreendimento com um longo período de execução impõe que o sistema de planejamento contemple, pelo menos, três níveis hierárquicos. Esses níveis devem estar integrados entre si e referem-se à forma pela qual se devem vincular as metas que constam nos planos de longo, médio e curto prazos.

d   em geral, a construtora interage diretamente com o cliente. Na maioria das vezes, é o próprio cliente que interage com a construtora. Isso pode reduzir o prazo de negociação de alterações de projetos, visto que não se trabalha com um representante do cliente. Conforme mencionado no item (a), as sugestões de alterações podem ser incluídas, porém deve-se salientar que elas terão um custo associado e um prazo específico para serem realizadas.

e   o tipo de serviço é menos complexo do que aqueles executados em obras industriais. Isso ocorre principalmente devido ao grau de repetição das tarefas, o que torna o processo mais facilmente controlável. Nesse caso, a aprendizagem obtida à medida que as tarefas são executadas influencia diretamente a produtividade das equipes de produção. Além disso, a possibilidade de se repetir a tarefa em diferentes pavimentos auxilia na proposição de melhorias à forma pela qual ela é executada.

8.6   O novo sistema de planejamento e controle da produção da Empresa A

Uma maneira de corrigir os problemas existentes no sistema de planejamento da Empresa A, apresentados na Seção 8.4, é por meio da hierarquização do processo de planejamento e da formalização do sistema de controle da produção. A Figura 8.3 apresenta um diagrama de fluxo de dados que descreve um novo sistema de planejamento e controle da produção para a Empresa A. O diagrama descreve as informações necessárias para a Empresa A desenvolver de forma satisfatória o novo sistema. Ainda de acordo com a figura, percebe-se que, para a empresa analisada, o engenheiro da obra é o responsável pelo desenvolvimento do planejamento e controle, visto que ele faz parte do setor técnico.

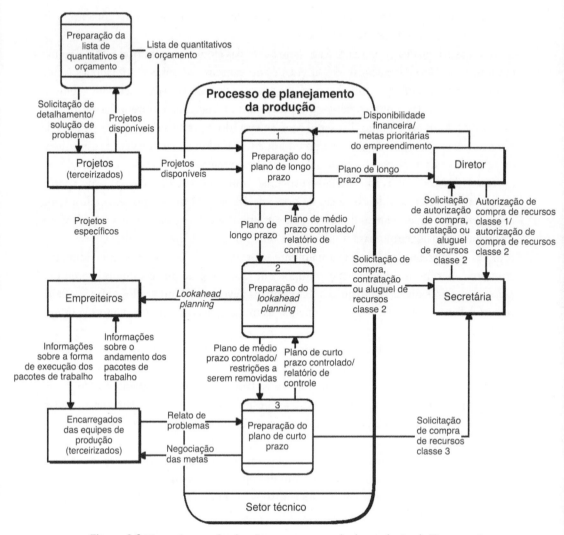

Figura 8.3 Novo sistema de planejamento e controle da produção da Empresa A.

De acordo com o DFD apresentado, o processo de planejamento e controle da produção é iniciado com a realização do subprocesso Preparação do Plano de Longo Prazo. Um exemplo deste último é apresentado na Figura 8.4.

Para o desenvolvimento do plano de longo prazo, são necessárias algumas informações, originárias da diretoria, dos projetistas e do processo de preparação da lista de quantitativos e orçamento. Essas informações são descritas a seguir:

a   projetos disponíveis

   Em geral, para a preparação do plano de longo prazo, dificilmente todos os projetos estão disponíveis. Mesmo que esses últimos estejam finalizados, percebe-se que, durante a preparação do plano de longo prazo, são identificados alguns problemas na análise dos

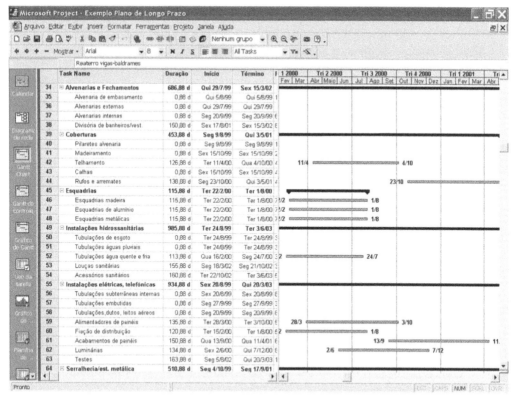

Figura 8.4 Exemplo de plano de longo prazo preparado no *software* MSProject©.

projetos. Incompatibilidades entre projetos ou elementos que não estão suficientemente detalhadas, por exemplo, exigem uma constante troca de informações entre o engenheiro da obra e os demais projetistas. A correção desses problemas é importante, porém não essencial, para a preparação do plano de longo prazo. Isso pode ser explicado porque esse plano não pode ser excessivamente detalhado devido à incerteza existente no ambiente produtivo. Assim, se o problema da análise não interferir diretamente na explicitação das metas do plano de longo prazo, este último pode ser preparado a contento.

b orçamento

Esta informação contém dados sobre os quantitativos físicos de grande parte das atividades que irão compor os planos de produção de longo, médio e curto prazos. Esses dados serão utilizados, principalmente, para a elaboração do cronograma físico-financeiro e para o cálculo do ritmo físico das atividades do plano de longo prazo. Em geral, o ritmo é obtido por meio da divisão do quantitativo – por exemplo, 10.000 m^2 de alvenaria externa, pela duração de execução planejada – por exemplo, 10 meses. Nesse último caso, o ritmo da atividade de alvenaria externa é de 1000 m^2/mês.

c disponibilidade financeira

O diretor deve analisar a previsão de receitas e despesas referentes à obra e informar ao responsável pela preparação do plano de longo prazo a disponibilidade financeira para determinado período de trabalho. Essa informação é muito importante, pois poderá modificar ritmos previamente planejados, caso se verifique a possibilidade de atraso ou adiantamento de diversas atividades.

d metas prioritárias do empreendimento

As metas prioritárias do empreendimento são relativas ao custo, ao prazo, à qualidade ou à flexibilidade. Como exemplo, a empresa pode decidir que deverá realizar medidas proativas para reduzir 5 % do custo total orçado do empreendimento. Ou, ainda, pode-se fixar que o empreendimento será finalizado em 18 meses porque esse é o prazo em que a empresa tem construído seus empreendimentos. Quanto à flexibilidade, devem-se identificar períodos, no plano de longo prazo, em que o cliente poderá alterar o projeto de seu apartamento sem comprometer o fluxo de produção. Evidentemente, o cliente deve receber alguns avisos sobre a existência desses prazos.

e plano de médio prazo controlado

Outra informação importante para a preparação do plano de longo prazo é o plano de médio prazo, que foi preparado e controlado na semana anterior à revisão do plano de longo prazo. Por meio dessa informação, podem-se verificar quais as principais atividades que deverão ter suas datas de início e término revistas, ou, ainda, se a empresa deverá propor uma nova forma de execução da atividade.

f relatório de controle

O relatório de controle é preparado com as informações coletadas durante a semana de trabalho. Ele indica como estão os indicadores de planejamento no empreendimento em análise. O relatório é importante para facilitar a realização de um processo decisório coerente com os reais problemas da obra. Ainda neste capítulo serão apresentados diversos gráficos que podem conferir melhor transparência ao processo de planejamento (ver no Capítulo 2, Seção 2.7.7, a forma pela qual o conceito de transparência pode ser utilizado no processo de planejamento e controle da produção). Esses gráficos foram elaborados com a utilização do sistema de indicadores apresentados no Anexo 1 deste livro.

Após a preparação do plano de longo prazo, ele é utilizado no subprocesso ELABORAÇÃO DO PLANO DE MÉDIO PRAZO, que, no sistema da Empresa A, foi denominado *lookahead planning* (ver no Capítulo 2, Seção 2.5.2, mais detalhes sobre esse tipo de plano). De acordo com a Figura 8.3, o plano de médio prazo é preparado com a utilização das seguintes informações:

a plano de longo prazo

As metas que constam no plano de longo prazo são essenciais para a preparação do plano de médio prazo. Conforme mencionado no Capítulo 2, as metas desse plano são descritas em termos gerais, para que não haja muita interferência da incerteza. Nesse caso, o ritmo das tarefas é importante para o desdobramento dessas metas gerais para mais específicas. Ainda trabalhando no exemplo da alvenaria externa, pode-se verificar que, para cumprir o ritmo mensal de 1000 m^2 de execução da alvenaria externa, as metas do plano do médio prazo deverão ser desdobradas em pacotes menores. Normalmente, o tamanho desses pacotes deve corresponder ao período escolhido para o desenvolvimento do planejamento de curto prazo, visto que as metas dos planos de médio e curto prazos devem ser compatíveis entre si para facilitar o controle. Isso significa que, se o planejamento de curto prazo for elaborado em uma frequência semanal, então o tamanho de pacote apropriado para a alvenaria externa do exemplo é 250 m^2 (1000 m^2/4 semanas de trabalho no mês). De posse desse valor, deve-se dividir toda a atividade ALVENARIA EXTERNA em zonas de trabalho cujos serviços a serem executados tenham cerca de 250 m^2. Assim, pode-se ter um pacote de 250 m^2 que corresponde à execução da alvenaria externa do apartamento 201 e 202, por exemplo. Ao se vincular a metragem do serviço ao espaço físico ou zona de trabalho, o controle da atividade fica mais fácil, pois basta apenas verificar visualmente se a alvenaria externa dos apartamentos 201 e 202 foi executada para afirmar se a atividade está no ritmo do planejamento ou não. Obviamente, existem atividades que não podem ter seus quantitativos divididos pelo período, pois isso pode dificultar o controle, em vez de facilitar. Esse é o caso das atividades referentes às instalações elétricas e hidrossanitárias, cujo controle deve ser por evento. Isso significa que se deve procurar numerar e quantificar as zonas do edifício que terão algum trabalho de instalação e procurar dividi-las de maneira similar. Assim, pode-se ter o ritmo necessário para o evento de colocação de eletrodutos na laje de concreto armado, ou ainda, um evento específico para a colocação da fiação nos eletrodutos, para o caso das instalações elétricas.

b   plano de curto prazo controlado

Por meio da análise do plano de curto prazo controlado, poder-se-á identificar as atividades que deverão ser executadas em cada semana do plano de médio prazo. Em geral, os pacotes que não foram executados integralmente na semana entram no próximo plano de curto prazo, porém podem comprometer o andamento dos serviços correspondentes à primeira semana do plano de médio prazo. Isso ocorre, principalmente, quando não há como aumentar a capacidade das equipes de trabalho dentro da semana, de forma a tentar recuperar o atraso.

c   relatório de controle

Este é o mesmo relatório que foi discutido no item (f), referente às informações necessárias à preparação do plano de longo prazo. Deve ser utilizado como um elemento que facilitará a tomada de decisão.

Um exemplo de planilha para preparação do *lookahead planning* é apresentado na Figura 8.5. Na planilha, procurou-se identificar as informações que devem ser preenchidas em cada célula. Cabe salientar que cada atividade desse plano deve ser submetida a uma rigorosa análise de restrições. Por restrição, subentende-se todo tipo de recurso (ou atividade) que causa interferências ao fluxo de trabalho, caso o mesmo (ou mesma) não esteja presente [ou não tenha sido desenvolvido(a)] quando necessário.

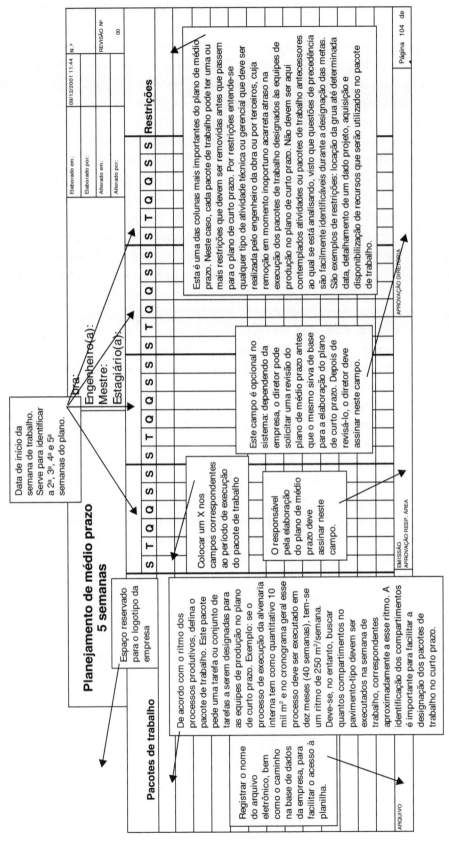

Figura 8.5 Exemplo de planilha para preparação do *lookahead planning*.

O último nível de planejamento do sistema da Empresa A é o referente ao subprocesso PREPARAÇÃO DO PLANEJAMENTO DE CURTO PRAZO. Esse nível deve ser realizado de acordo com o referencial teórico da produção protegida, ou *shielding production* (ver mais detalhes no Capítulo 2, Seção 2.5.3). Para a elaboração desse plano, são necessárias as seguintes informações:

a plano de médio prazo

As metas da primeira semana do plano de médio prazo, após a devida análise, serão aquelas que comporão o plano de curto prazo. Além disso, outra fonte de informações útil é o plano de curto prazo da última semana de trabalho. Por meio da análise desse último plano, podem-se verificar quais as parcelas não executadas das atividades semanais que deverão entrar, necessariamente, no próximo plano de curto prazo.

b restrições a serem removidas

As restrições identificadas no plano de médio prazo deverão ser removidas o quanto antes. Em geral, essas restrições são removidas no curto prazo, quando as atividades do plano desse nível estão sendo realizadas. Contudo, deve-se esclarecer que essas restrições estão relacionadas com as atividades do plano de médio prazo e que, se elas não forem removidas, poderá haver sérios danos à continuidade das operações no canteiro de obras.

c relato de problemas

O relato de problemas é importante para a preparação do plano de curto prazo porque por meio deste pode-se tentar realizar medidas proativas ainda dentro da semana, de forma a evitar que eles venham a se repetir.

Um exemplo de planilha para preparação do plano de curto prazo da Empresa A é apresentado na Figura 8.6. As informações contidas na planilha auxiliam o leitor a compreender melhor o funcionamento desse plano.

8.7 O processo de implementação do novo sistema

Após a representação do novo sistema de planejamento e controle da produção por meio do DFD apresentado na Figura 8.3, foi elaborado um plano de implementação para a Empresa A. Esse plano deve conter a listagem dos principais eventos em que os funcionários da empresa deverão se envolver. Um exemplo desse plano é apresentado na Tabela 8.1.

De acordo com as diretrizes de implementação apresentadas no Capítulo 7, a divulgação da forma pela qual o sistema será implementado é essencial para o seu sucesso. Assim, procurou-se desenvolver elementos de divulgação do processo de implementação. Esses elementos são constituídos de cartazes e cartas direcionadas aos principais empreiteiros que irão trabalhar na obra. Um exemplo de cartaz para divulgação do trabalho é apresentado na Figura 8.7.

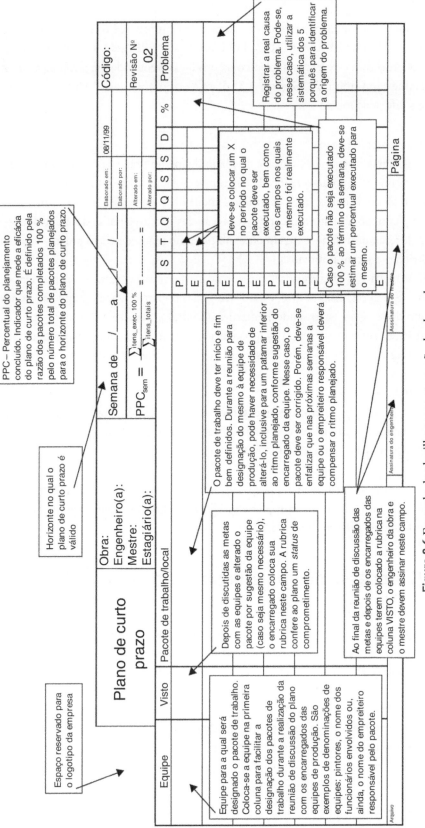

Figura 8.6 Exemplo de planilha para preparação do plano de curto prazo.

Tabela 8.1 Exemplo de plano de trabalho detalhado

DATA	HORÁRIO	LOCAL	ATIVIDADE	PARTICIPANTES
23 e 24/08 **Quinta e Sexta**	***	UFRGS	Preparar material de divulgação do trabalho para a Empresa A e Empreiteiro X.	Maurício
27/08 **Segunda**	16:00 às 16:40	Empresa A	Reunião de divulgação de trabalho e plano de trabalho personalizado para Empreiteiro X.	Maurício, Carla, João, Alex, Diretor do Empreiteiro X, Engenheiro e Carlos
27/08 **Segunda**	16:40 às 17:30	Empresa A	Identificação da forma pela qual o Empreiteiro X realiza a atualização do cronograma geral e designa metas. Identificação de indicadores utilizados.	Maurício, Carla, Engenheiro da obra do Empreiteiro X e estagiário
28/08 **Terça**	14:00 às 16:30	Obra	Visita à obra (saída da Empresa A às 13:40). Reunião de divulgação do trabalho na obra.	Maurício, Carla, Carlos, João, Alex, Diretor do Empreiteiro X, Engenheiro da obra, Mestre de obras, Empreiteiros
28/08 **Terça**	16:50 às 18:00	Empresa A	Definição da tabela de ritmos por meio do cronograma do Empreiteiro X.	Carla, Maurício e Carlos
28 e 29/08 **Terça e Quarta**	***	Empresa A	Elaboração da tabela de ritmos das atividades.	Carla e Carlos
30/08 **Quinta**	14:00 às 15:30	Empresa A	Definição do zoneamento para designação das metas nos planos de médio e curto prazos.	Carla, Maurício e Carlos

O plano de implementação da Empresa A foi composto pelas seguintes etapas:

a divulgação

Esta etapa tem a função de explicitar a importância da implementação do sistema para a melhoria dos resultados operacionais da empresa. Com ela, confere-se uma percepção da importância do sistema, bem como do envolvimento dos funcionários participantes. Na Empresa A, cartazes similares ao apresentado na Figura 8.7 foram afixados no escritório da empresa, bem como enviados para seus empreiteiros, fornecedores e parceiros.

Figura 8.7 Exemplo de cartaz de divulgação da sistemática de planejamento.

b   seminário inicial

O seminário inicial na Empresa A foi realizado na manhã de uma segunda-feira. Optou-se por desenvolvê-lo com 4 horas de duração, incluindo, nesse período, um intervalo de 30 minutos. No seminário, foram repassados para os participantes (diretor, engenheiro da obra, secretária e principais empreiteiros) tópicos sobre planejamento e controle de obras. Esses tópicos abrangeram os seguintes assuntos: técnicas de preparação dos planos (no Apêndice deste livro há um resumo das principais técnicas utilizadas para a preparação de planos de obras de construção civil), modelo de planejamento e controle da produção (Capítulo 5), sistema de indicadores de planejamento e controle da produção (Anexo 1). No final do seminário foi apresentada, discutida e entregue a todos os participantes uma cópia do plano de trabalho (ver Tabela 8.1).

c   preparação preliminar do plano de longo prazo

Nesta etapa, o engenheiro da obra preparou uma proposição de plano de longo prazo (cronograma geral), de acordo com sua experiência de execução de obras similares. Esse plano foi revisado em conjunto com o diretor da empresa, que, de acordo com suas expectativas e previsão de fluxo de caixa, alterou algumas datas de início e término de certas atividades. O objetivo desse plano preliminar é facilitar a discussão e a negociação das metas gerais do empreendimento com os empreiteiros responsáveis pela execução.

d   reunião com os empreiteiros contratados para detalhamento de suas atividades

De posse do plano de longo prazo preliminar, o engenheiro da obra, por meio da realização de reuniões individuais com os empreiteiros contratados, procurou detalhar como as atividades seriam executadas. Além disso, procurou-se identificar com os empreiteiros o ritmo ideal de execução para cumprir o planejado. Isso faz com que o empreiteiro aumente seu grau de comprometimento com as atividades que irá executar, visto que ele participa efetivamente do planejamento da obra. Assim, ele tem condições de analisar a capacidade de sua empresa e, em um momento oportuno, implementar ações proativas para manter, aumentar ou diminuir essa capacidade.

e   formatação do plano de longo prazo

Após o detalhamento do plano, foi realizada a formatação final do plano de longo prazo. Essa formatação apresentou diferenças com relação à proposta preliminar, pois procurou incorporar algumas modificações solicitadas pelos empreiteiros contratados. A formatação deve ser realizada para conferir maior visibilidade aos elementos que compõem o plano. Um exemplo de planos com elementos apropriadamente formatados é apresentado na Figura 8.8.

f   preparação dos planos de médio e curto prazos iniciais

Uma semana antes do início da obra, doravante denominada semana zero, foi preparado o plano de médio prazo inicial com atividades para as semanas 1, 2, 3 e 4 (horizonte de quatro semanas). Procurou-se, durante a semana zero, identificar e remover as restrições existentes principalmente nas duas primeiras semanas de trabalho no canteiro de obras. No final da semana zero, foi preparada uma nova proposta de plano de médio prazo. Dessa vez, o plano contemplou atividades para as semanas 2, 3, 4 e 5, e foi preparado o plano de curto prazo para a semana 1. Só foram colocadas no plano de curto prazo elaborado para a semana 1 as atividades do plano de médio prazo que tiveram suas restrições removidas.

g   reunião de apresentação do trabalho no canteiro de obras

Esta reunião ocorreu na semana zero de trabalho (mencionada no item f) e foi realizada 15 minutos antes da reunião de negociação das atividades do plano de curto prazo com os empreiteiros da obra. Nessa reunião inicial, o diretor esteve presente, e foi ele quem apresentou o trabalho para os participantes. Os assuntos que o diretor abordou

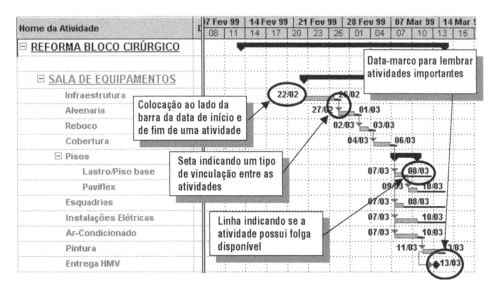

Figura 8.8 Exemplo de plano formatado para explicitar datas de execução e folgas.

foram relativos à importância do trabalho para a empresa e para o empreendimento, bem como a necessidade do envolvimento pleno de todos os participantes. O diretor também explicou a sistemática de reuniões de planejamento na obra e exigiu de todos a participação e o envolvimento nessas reuniões.

h controle da obra

Nesta etapa, a Empresa A utilizou parte dos indicadores propostos no Anexo 1 deste livro. Semanalmente, eram preparados gráficos que faziam parte do relatório de controle da semana. Como se pode ver na Figura 8.3, esse relatório foi inserido nos vínculos entre os processos de preparação do planejamento de longo, médio e curto prazos. Conforme mencionado na Seção 8.6, o relatório de controle teve como objetivo principal o auxílio na tomada de decisão por parte do diretor e do engenheiro da obra.

i seminários para avaliação dos resultados

Estes seminários devem ocorrer na empresa periodicamente. Em geral, pode-se fixar, inicialmente, uma frequência de 4 meses para análise geral dos principais problemas acumulados existentes na obra. O seminário pode demandar também a necessidade de rever algumas questões relativas ao ritmo planejado de execução dos serviços ou propor meios alternativos para executar as tarefas. Na realização desses seminários na Empresa A, foram registradas as decisões necessárias para correção dos problemas que estavam ocorrendo até o momento.

8.8 Conferindo maior visibilidade ao controle da obra

A utilização de indicadores de planejamento e controle da produção e a respectiva análise da evolução desses indicadores fornecem dados substanciais para o controle da obra. Fala-se em conferir maior visibilidade ao controle da obra porque, com a utilização dos indicadores, tem-se dados adicionais que possibilitam uma análise mais confiável de uma situação ou problema.

Nesse sentido, pode-se utilizar o sistema de indicadores de planejamento e controle da produção apresentado no Anexo 1 deste livro. Em geral, não é necessário, em um primeiro momento, que uma empresa aplique todos os indicadores do sistema apresentado, aliados aos indicadores que coleta há algum tempo. Isso ocorre porque não se pretende tornar o sistema de controle difícil de ser implementado em decorrência da existência de muitos dados que deverão ser coletados. Para aplicação desses indicadores, é necessário que a empresa defina quais os indicadores que pretende aplicar inicialmente, como vai coletá-los e analisá-los e quais são os possíveis resultados a que se pode chegar com a análise. Alguns exemplos dos indicadores utilizados pela Empresa A são apresentados nas figuras a seguir. Procura-se, com a apresentação desses indicadores, orientar o leitor na forma pela qual a análise deve ser realizada.

O primeiro indicador utilizado na Empresa A foi a projeção de prazo da obra. Esse indicador se apresentou muito eficaz durante o período de análise. Conforme mostra a Figura 8.9, desde a primeira data de coleta, a obra passou de uma configuração de quase 3,5

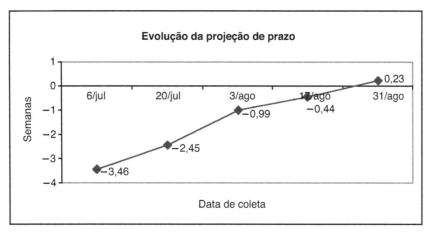

Figura 8.9 Indicador para análise da evolução do prazo de término da obra.

semanas adiantada para quase um dia e meio atrasada. Percebe-se que, pelo indicador, o engenheiro podia ter tomado providências para que o atraso não ocorresse. Entretanto, fazendo uma projeção dos ritmos das atividades que estavam em andamento, ele verificou que seria apenas necessário aumentar a equipe de pintura externa, visto que as demais atividades não comprometeriam significativamente o prazo de entrega da obra. Outro fator para a não atuação foi a estratégia adotada pela construtora de fixar a data de entrega do empreendimento para os clientes no final do ano e estabelecer a data de término da obra do seu cronograma executivo para final de outubro.

A análise dos dados do planejamento semanal mostra que o PPC (Percentual do Planejamento Concluído) atingiu certa estabilização em um patamar médio de 70 %, com tendências de crescimento nas últimas semanas de análise (Fig. 8.10). Percebe-se que todos os conceitos referentes a esse tipo de plano foram bem assimilados pelo engenheiro da Empresa A.

Entre as principais causas que provocaram falhas no planejamento semanal está, em primeiro lugar, a ocorrência de condições meteorológicas adversas, e, em segundo lugar, a falta de mão de obra própria da empresa devido ao absenteísmo (Fig. 8.11).

Com relação às condições meteorológicas adversas, o engenheiro da obra verificou que a melhor forma de minorar a incidência desse problema era considerar a possibilidade de chuva nas semanas programadas. Assim, ou ele reduzia a meta da semana ou utilizava outra tarefa das semanas seguintes do plano de médio prazo cujas restrições já haviam sido removidas. Isso foi realizado de forma a garantir a continuidade dos trabalhos das equipes de produção.

Para o engenheiro da obra, virou parte da rotina estar sempre informado da previsão do tempo. Essa previsão foi utilizada no momento em que ele percebeu que em certa época chovia toda semana. O segundo problema, isto é, a falta de mão de obra própria, não interferiu no andamento das atividades, segundo avaliação do engenheiro. Assim, optou-se por não o corrigir em curto prazo.

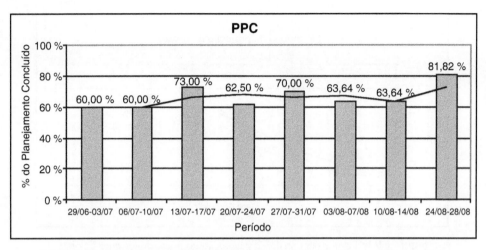

Figura 8.10 Análise da evolução do PPC (Percentual do Planejamento Concluído).

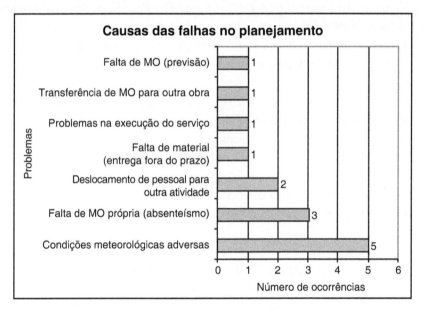

Figura 8.11 Problemas que causam interferências na obra.

Os principais problemas relativos à mão de obra subempreitada estiveram relacionados com o absenteísmo de algum membro da equipe. Uma ação fixada pelo engenheiro da Empresa A foi a realização de um trabalho de avaliação dos serviços terceirizados vinculada ao contrato de prestação de serviço dessas equipes. Medidas como essas são necessárias para comprometer os empreiteiros com as atividades de planejamento negociadas. Porém, essa medida por si só não é suficiente.

Um indicador que pode servir para a vinculação das metas de trabalho do empreiteiro com seu respectivo contrato de trabalho é o PPC/S (Percentual do Planejamento Concluído do Subempreiteiro). Um exemplo de gráfico que auxilia a análise desse indicador é apresentado na Figura 8.12. Preferencialmente, recomenda-se que esse gráfico contenha, para um mesmo empreiteiro, dados relativos a no mínimo dois períodos de controle para facilitar a análise da evolução das metas executadas pelo empreiteiro. Isso explica o porquê de o gráfico conter os dados de agosto e setembro.

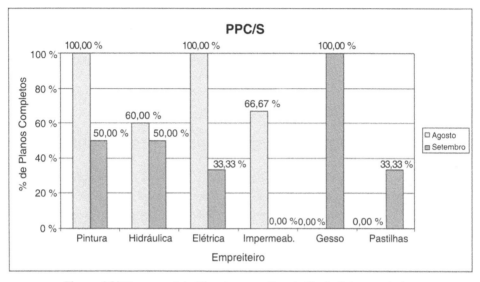

Figura 8.12 Percentual do Planejamento Concluído do Subempreiteiro.

A Tabela 8.2, por sua vez, apresenta em percentagens os principais problemas acumulados responsáveis pelo PPC do Subempreiteiro. Como exemplo, pode-se citar na tabela o caso do empreiteiro responsável pela execução da alvenaria, que teve seu PPC igual a 82 %. A coluna PRINCIPAIS "PROBLEMAS" da Tabela 8.2 é importante na análise porque indica claramente se as causas dos problemas que interferiram no valor do PPC do Subempreiteiro foram de responsabilidade do próprio empreiteiro ou devido a outros problemas.

Tabela 8.2 Problemas acumulados por subempreiteiro

		EXEC.		
EMPREITEIRO	PLANEJADO	100 %	PPC	PRINCIPAIS PROBLEMAS
Alvenaria	128	105	82 %	Absenteísmo (8,3 %), superestimação da produtividade (33,3 %), falta de programação de materiais (8,3 %), modificação dos planos (16,7 %), falta de equipamento do fornecedor (4,2 %), atraso na entrega de materiais (12,5 %), o pré-requisito do plano não foi cumprido (8,3 %).

(*continua*)

Tabela 8.2 Problemas acumulados por subempreiteiro (*continuação*)

		EXEC.		
EMPREITEIRO	PLANEJADO	100 %	PPC	PRINCIPAIS PROBLEMAS
Elétrica	22	13	59 %	Atraso na tarefa antecedente (30 %), modificação dos planos (20 %), falta de materiais do empreiteiro (20 %), falta por perda acima da prevista (20 %), superestimação da produtividade (10 %).
Hidrossanitárias	23	20	87 %	Atraso na entrega de materiais (25 %), o pré-requisito do plano não foi cumprido (25 %), superestimação da produtividade (25 %), condições adversas do tempo (25 %).

8.9 Pontos a serem observados por empresas similares

No desenvolvimento de sistemas de planejamento e controle da produção similares aos apresentados neste capítulo, alguns pontos chaves podem sofrer mudanças de acordo com as particularidades de cada empresa de construção. Não se pretende aqui fazer uma listagem extensa de tais pontos, porém a lista a seguir pode ser considerada um bom começo. Os principais pontos abordados são:

a quem faz o quê e quando

Provavelmente, as responsabilidades pelo desenvolvimento e pela implementação do sistema mudarão de empresa para empresa. Isso dependerá da forma pela qual a empresa está organizada e, principalmente, do funcionário que irá conduzir o processo. Esse funcionário deve ter habilidades em comunicação, saber se expressar bem e ter, de alguma maneira, poder decisório e o carisma necessário para envolver os demais funcionários no processo de implementação. O profissional com esse perfil deve procurar desenvolver, em conjunto com o diretor (ou diretores), um plano de desenvolvimento e implementação coerente com as necessidades do sistema.

Não existe data específica para se iniciar o processo de desenvolvimento e implementação. Em geral, a empresa deve se sensibilizar para os ganhos que advirão do novo sistema. Quanto mais cedo houver a verificação dessa necessidade, melhor para todos.

b periodicidade de controle

A periodicidade de controle da obra deve ser definida nos estágios iniciais da preparação do processo de planejamento. Em geral, pode-se fixar que serão coletados indicadores durante a semana de trabalho e, portanto, a periodicidade será semanal.

Para obras mais complexas, que envolvam diferenças substanciais entre as unidades a serem adquiridas, pode-se, eventualmente, realizar, para algumas atividades, um controle a cada dois ou três dias, ou, ainda, diário. Evidentemente, isso dependerá da estrutura que a empresa disponibilizará para a coleta e a análise de tais indicadores.

c técnica de preparação do planejamento de longo prazo

Não existem muitas técnicas de preparação de planos que têm sido aplicadas na construção civil. Um resumo das principais técnicas é apresentado no Apêndice deste livro. Dependendo das características do empreendimento, pode-se aplicar uma ou outra técnica. Porém, quem irá definir isso será o engenheiro responsável pela obra, juntamente com o funcionário da empresa encarregado do desenvolvimento e da implementação do sistema [ver item (a)].

d indicadores utilizados

Os indicadores utilizados poderão mudar de acordo com as necessidades particulares de cada empresa. Entretanto, são consenso na área acadêmica a importância e a obrigatoriedade de alguns desses indicadores. Assim, indicadores como o PPC (Percentual do Planejamento Concluído) e o PPC/S (Percentual do Planejamento Concluído do Subempreiteiro) são essenciais para a análise do sistema implementado. Uma descrição pormenorizada desses indicadores é apresentada no Anexo 1 deste livro.

8.10 Resumo do capítulo

Este capítulo apresentou o caso de uma empresa voltada para a construção de obras residenciais. Pretende-se, com isso, orientar o leitor no processo de desenvolvimento e implementação do modelo, seguindo o modelo e as diretrizes apresentados nos Capítulos 5 e 7. O próximo capítulo apresenta o caso de uma empresa voltada para a construção de obras industriais.

Trabalho em grupo

O seu grupo deverá sugerir melhorias ao formato dos planos apresentados nas Figuras 8.2, 8.5 e 8.6, tendo por base as informações apresentadas no presente capítulo. As melhorias deverão ser tanto de ordem gráfica como de conteúdo. As melhorias devem ser justificadas.

O Caso de uma Empresa Orientada para a Construção de Edifícios Industriais e Hospitalares

9.1 Introdução

Este capítulo tem por objetivo apresentar o caso de desenvolvimento de um sistema de planejamento e controle da produção em uma empresa orientada para a construção de edifícios industriais e hospitalares. Optou-se pela inclusão deste capítulo para atender aos interesses de profissionais que executam esse tipo de obra. Ao mesmo tempo, o leitor pode realizar comparações do sistema que será apresentado neste capítulo com aquele destinado à obra residencial do capítulo anterior.

9.2 A empresa estudada

A empresa estudada atua no mercado de construção e reformas de obras industriais, comerciais e hospitalares, em Porto Alegre (RS), e será denominada doravante Empresa B. Em geral, a Empresa B tem como foco principal de atuação obras de curto prazo. Pode-se definir esse tipo de obra como todo o empreendimento que deve ser executado em curto intervalo de tempo quando comparado à construção de prédios de vários pavimentos e que, normalmente, abrangem um grau de complexidade superior às construções residenciais. Isso ocorre porque as obras que a Empresa B constrói geralmente são dentro de indústrias ou hospitais que estão em plena operação.

Isso significa que é necessário definir uma estratégia de ataque que diminua ao máximo as interferências da construção com o ambiente fabril ou hospitalar.

A Figura 9.1 apresenta o organograma da Empresa B. Diferentemente da Empresa A, apresentada no Capítulo 8, percebe-se que essa empresa possui uma estrutura funcional com mais níveis que a primeira. Pela classificação do Sebrae/RS, a Empresa B é considerada uma empresa de médio porte, isto é, possui mais de 100 funcionários registrados.

Figura 9.1 Organograma da Empresa B.

A Empresa B possui quatro níveis hierárquicos principais. O primeiro nível corresponde à Diretoria, composta por três diretores. Cada diretor é responsável por um contrato específico de uma obra e, dessa forma, pela coordenação das funções orçamentária e financeira. Em um segundo nível, está o gerente da qualidade. Esse profissional tem como função principal a coordenação do sistema de qualidade da empresa. O terceiro nível é dividido nas seguintes funções: orçamento, financeiro, engenharia, recursos humanos e compras. A engenharia é composta pelos engenheiros de obras e estagiários que recebem suporte das demais funções situadas no mesmo nível hierárquico. No quarto nível estão situadas as diversas obras da empresa. Cada obra tem normalmente um técnico ou um mestre de obras responsável pelo controle e coordenação das equipes de produção.

A Empresa B possui parte de sua mão de obra própria e a outra terceirizada. Os serviços terceirizados são destinados às áreas que exigem trabalhos mais especializados, como, por exemplo, impermeabilizações, paredes de gesso acartonado e a execução de forros de gesso.

9.3 O sistema de planejamento e controle utilizado pela Empresa B

O sistema de planejamento e controle da produção da Empresa B funcionava de forma semelhante ao antigo sistema da Empresa A (Seção 8.3). Isso significa que a Empresa B elaborava, usualmente, dois níveis de planejamento: o de longo prazo e o de curto prazo. Normalmente, no nível de longo prazo, o plano ou cronograma geral da obra era elaborado em Excel®, e em obras nas quais os engenheiros sabiam trabalhar com o programa MSProject®, o plano era preparado de maneira mais eficiente.

Contudo, o plano de longo prazo era elaborado de acordo com a própria experiência do engenheiro da obra, e, em diversos casos, não havia um padrão de segmentação das atividades em obras similares. Isso fazia com que cada obra da empresa fosse controlada de maneira individual e particular, o que acabava retardando o processo de aprendizagem da organização.

De posse do plano de longo prazo ou cronograma geral, o engenheiro iniciava o processo de identificação e negociação com os principais prestadores de serviços e fornecedores de materiais da empresa. Normalmente, as atividades desse plano tinham datas de início contadas a partir de 10 dias da data de assinatura do contrato. Segundo um de seus diretores, a Empresa B necessitava proceder dessa forma, visto que 10 dias seriam o período mínimo necessário para a disponibilização dos recursos no canteiro de obras.

Da mesma maneira que a construtora apresentada no Capítulo 8, a Empresa B desenvolvia o planejamento de curto prazo de maneira estritamente informal. Isso significa que as metas de produção eram repassadas verbalmente do engenheiro da obra para o mestre de obras, que, por sua vez, se encarregava de repassar as metas do engenheiro para as equipes de produção e de monitorá-las, para que entregassem as atividades no prazo solicitado pelo engenheiro.

9.4 Diagnóstico do sistema de planejamento e controle da produção da Empresa B

Os problemas da Empresa B foram muito similares àqueles apresentados pela Empresa A. Em pesquisa recente (BERNARDES, 2002), verifica-se inclusive que a informalidade na forma pela qual diversas empresas construtoras têm encarado o desenvolvimento de seus sistemas de planejamento e controle da produção pode ser interpretada como uma das principais causas de atrasos das obras.

Analisando, particularmente, o caso da construção ou reforma de obras industriais e hospitalares, como as executadas pela Empresa B, a informalidade pode trazer, além de outras consequências, a dificuldade da gerência da obra de identificar perdas que ocorrem no processo construtivo. Além disso, a simples utilização de um sistema de indicadores pode auxiliar sobremaneira a explicitação dos reais problemas da obra.

Obviamente, a explicitação dos problemas supracitados constitui um passo crucial para a execução de obras de curto prazo. Nesse tipo de obras, normalmente, a existência de um problema que venha a interferir na continuidade das operações do canteiro pode repercutir diretamente em um atraso na obra, visto que existem poucas folgas para correção das datas de execução das atividades.

9.5 Algumas características de edifícios industriais e hospitalares

A construção e a reforma de edifícios industriais, como aqueles executados pela Empresa B, apresentam algumas características básicas que os diferenciam de outros tipos de obras. Essas características reforçam a necessidade do desenvolvimento do sistema de planejamento

O Caso de uma Empresa Orientada para a Construção de Edifícios Industriais e Hospitalares   145

e controle da produção em empresas de área de atuação similares. Essas características estão listadas a seguir:

a   a questão da segurança do trabalho nesses tipos de obra é de suma importância. Isso ocorre porque, algumas vezes, as atividades são executadas em ambientes fabris em operação. Nesses ambientes, é comum a existência de tubulações elétricas ou de gases que podem colocar a vida humana em perigo, no caso de ocorrência de acidentes. Assim, é importante que, durante a preparação do planejamento de tais obras, sejam levados em consideração arranjos e dispositivos de segurança para minimizar as possibilidades de ocorrência de acidentes de trabalho.

b   em geral, o fiscal da obra (representante do cliente) interfere diretamente na produção, principalmente se houver falhas nas informações de como o serviço será executado. Essas falhas ocorrem porque, na maioria das vezes, o fiscal não participa da reunião de preparação do plano de curto prazo. Ao participar dessa reunião, o fiscal pode compreender melhor como a empresa construtora pretende executar as atividades no canteiro. Esse profissional, que, normalmente, tem um profundo conhecimento dos procedimentos administrativos de liberação de serviços por parte do contratante, pode inclusive contribuir de maneira proativa, sugerindo possíveis melhorias à forma de execução das atividades. Além disso, o fiscal, na maioria das vezes, é muito experiente na execução de serviços similares no ambiente em que trabalha, o que corrobora o exposto anteriormente.

Alguns profissionais acreditam piamente que o fiscal não deve participar da reunião de preparação do plano de curto prazo. Isso ocorre porque existe certo medo de que ele venha a identificar problemas na maneira pela qual a empresa está executando a obra. Evidentemente, esta é uma concepção errônea. Quando uma empresa é contratada para a execução de uma obra industrial, deve-se encarar que o contrato assinado entre as partes estabelece, antes de tudo, uma parceria colaborativa. Isso significa dizer que ambas as partes devem estabelecer um ambiente de colaboração que possibilite o cumprimento das metas do empreendimento. Essa meta pode ser considerada a entrega da obra dentro do prazo, custo e padrão da qualidade acordados entre a empresa e o cliente.

c   em obras que devem ser executadas em prazos relativamente reduzidos, muitos dos recursos e materiais devem ser negociados, adquiridos e disponibilizados o mais cedo possível. Isso ocorre para evitar interrupções das atividades que estão sendo executadas devido à inexistência dos recursos no canteiro, no momento de sua necessidade.

d   em algumas situações, o cliente contrata uma construtora para executar a obra após a realização de uma concorrência por meio de carta-convite. Isso ocorre, principalmente, quando o cliente já trabalha com algumas empresas de construção com experiência na execução desses tipos de obras e pretende contratar aquela que propuser o menor preço. Tanto nesses casos como em concorrências públicas, existe, normalmente, ao final do prazo acordado, uma multa diária referente aos dias que extrapolarem a data de entrega da obra. Isso reforça a importância do sistema de planejamento e controle da produção para empresa que será responsável pela construção do empreendimento.

9.6 O novo sistema de planejamento e controle da produção da Empresa B

O sistema de planejamento e controle da produção da Empresa B foi estruturado em três níveis hierárquicos, de maneira similar à apresentada para a Empresa A, no Capítulo 8 deste livro. Entretanto, o sistema da Empresa B possui diferenças básicas, que serão detalhadas neste item. A Figura 9.2 apresenta a diagramação desse sistema.

Inicialmente, verifica-se que a Empresa B possui um maior número de setores que a Empresa A (ver Figura 8.3, Capítulo 8, para facilitar a comparação). Percebe-se, também,

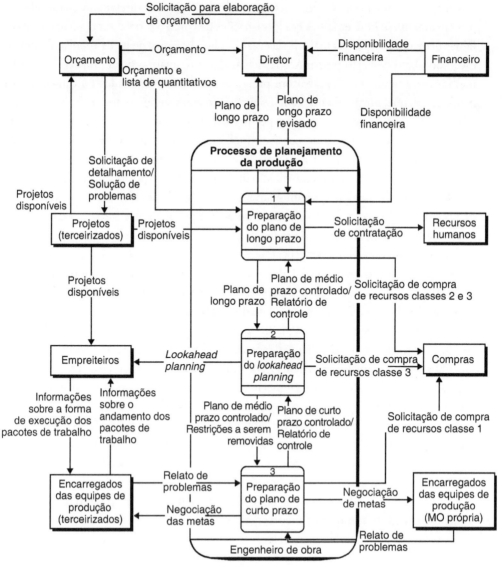

Figura 9.2 Novo sistema de Planejamento e Controle da Produção da Empresa B.

que as funções relacionadas com o processo de planejamento da produção da Empresa B são muito similares às da primeira. As diferenças residem, basicamente, na frequência do controle definida para esse segundo sistema.

A frequência de controle pode ser definida como uma taxa que indica o número de vezes em um período de tempo específico, como, por exemplo, duas vezes por mês, segundo o qual um plano é revisado ou atualizado. Chama-se frequência de controle porque é por meio da revisão ou atualização desses planos que são estabelecidas metas para a correção de desvios para o próximo horizonte de planejamento.

O sistema de planejamento e controle da produção projetado para a Empresa B é dirigido, em sua maioria, para obras de curto prazo. As características desse tipo de obra influenciam diretamente a frequência de controle de cada nível hierárquico de planejamento. Por exemplo, no nível de longo prazo, que abrange todo o prazo de construção ou reforma, a frequência de controle pode ser definida como sendo de uma vez por semana.

Em geral, o grau de detalhes do plano de longo prazo especificado para a Empresa B é maior do que para a Empresa A. Nesse caso, é importante que as atividades no plano sejam mais bem detalhadas, pois isso facilita a explicitação de restrições existentes no ambiente produtivo. Além disso, como no sistema voltado para obras de curto prazo, a incerteza relacionada com a execução das tarefas também é menor. Assim, se no sistema da Empresa A as atividades são descritas com um baixo grau de detalhes para levar em consideração a incerteza existente, como, por exemplo, *ALVENARIA EXTERNA*, no sistema da Empresa B essa descrição pode conter mais detalhes, como, por exemplo, *ALVENARIA EXTERNA DA ALA 08 DO SETOR DE PERFURAÇÃO*.

No médio prazo, o *lookahead planning* tem como horizonte 1 semana de trabalho. Desse modo, a cada semana, é preparado o *lookahead* para a semana posterior. A Figura 9.3 apresenta o modelo de planilha utilizado para a preparação desse tipo de plano. No modelo existem indicações sobre as informações que devem ser preenchidas em cada campo da planilha.

Ainda na Figura 9.3, existem duas colunas que merecem comentários adicionais. A primeira refere-se ao campo destinado à descrição dos pacotes de trabalho das equipes de produção. Note que ao lado do termo "PACOTE DE TRABALHO" foi colocada a palavra "LOCAL". Isso ocorre para deixar claro que não basta haver meramente a explicitação de uma tarefa a ser executada, mas também o local em que ela deverá ser executada. A explicitação do local facilita o processo de comunicação entre o engenheiro da obra e os encarregados das equipes de produção. A segunda coluna refere-se ao campo destinado à descrição dos pré-requisitos necessários à consecução dos pacotes de trabalhos supracitados. Esses pré-requisitos são as restrições existentes no ambiente de trabalho que interferem no desenvolvimento do pacote de trabalho. Conforme já exemplificado, uma restrição pode ser a falta de um detalhe de um projeto específico, de uma atividade técnica ou administrativa (compra de material, por exemplo), entre outros.

A planilha de preparação do plano de médio prazo semanal para obras de curto prazo não possui uma coluna específica para registro de problemas. Esse registro deve ser realizado durante o controle do plano de curto prazo que, para o sistema apresentado na Figura 9.2, é diário. A Figura 9.4 apresenta um exemplo da planilha de preparação do plano de

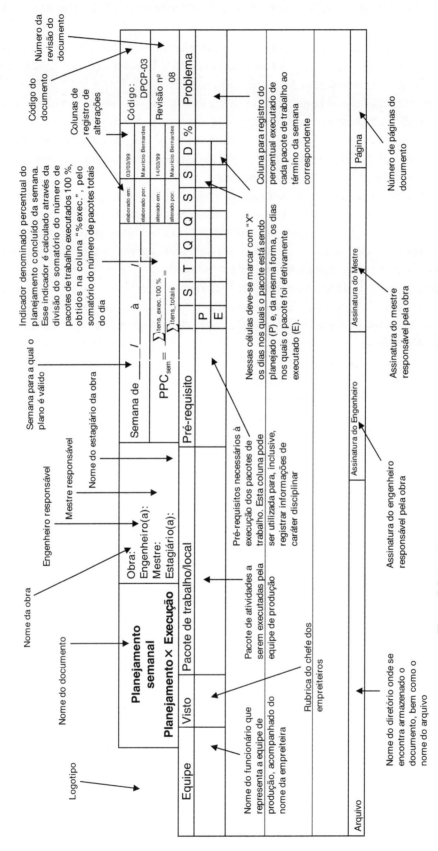

Figura 9.3 Planilha para preparação do plano de médio prazo (*lookahead planning*).

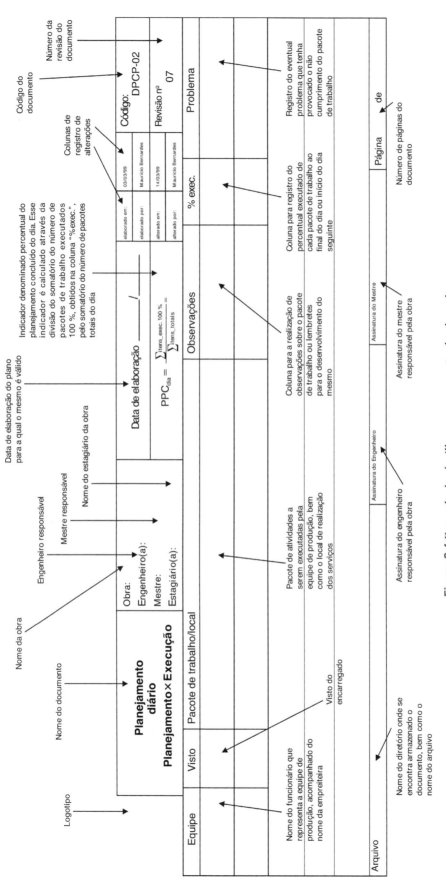

Figura 9.4 Exemplo de planilha para preparação do plano de curto prazo.

150 Capítulo 9

curto prazo. Conforme se pode perceber, os pacotes a serem executados em determinado dia de trabalho são atribuídos às equipes de produção. Ao final do dia de trabalho ou no início do dia seguinte à preparação, são registrados os problemas que causaram algum tipo de interferência aos pacotes listados.

Para registro dos problemas, pode-se utilizar como referência uma lista-padrão de problemas previamente codificados. Um exemplo dessa lista é apresentado na Figura 9.5. A lista foi desenvolvida durante quatro anos de trabalho, em um conjunto de vinte empreendimentos de construção residenciais, industriais e hospitalares. A codificação sugerida facilita o trabalho de confecção dos gráficos que irão compor o relatório de controle da obra (o Anexo 2 apresenta um exemplo de relatório de controle).

Mão de obra
1. Absenteísmo
2. Baixa produtividade (mesma equipe)
3. Modificação da equipe (decisão gerencial)
4. Afastamento por acidente
5. Falta de programação de mão de obra
6. Superestimação da produtividade

Materiais
7. Falta de programação de materiais
8. Atraso na entrega
9. Falta por perda acima da prevista
10. Falta de materiais do empreiteiro

Equipamentos
11. Falta de programação de equipamento
12. Manutenção
13. Mau dimensionamento

Projeto
14. Falta de projeto
15. Má qualidade do projeto
16. Incompatibilidade entre projetos
17. Alteração de projeto
18. Modificações dos planos
19. Má especificação da tarefa
20. Atraso da tarefa antecedente
21. Condições adversas do tempo

Interferência por parte do cliente
22. Solicitação de modificação do serviço que já está sendo executado
23. Solicitação de inclusão de pacote de trabalho no plano diário ou semanal
24. Solicitação de paralisação dos serviços
25. Pré-requisito do plano não foi cumprido
26. Falha na solicitação do recurso
27. Problema não previsto na execução

Figura 9.5 Lista-padrão de problemas usuais codificados.

De modo a conferir maior flexibilidade ao sistema de planejamento e controle da produção da Empresa B, foi elaborada outra planilha de preparação do plano de curto prazo. Essa planilha é utilizada para casos em que a estrutura funcional da obra não comporta o planejamento diário. Como exemplo, pode-se citar o caso de obras cujos canteiros estejam distantes do escritório central da empresa (duas a três horas de deslocamento) e que o engenheiro responsável responda pela execução de outros empreendimentos. Nessas obras, a reunião diária torna-se muito difícil, pela dificuldade de o próprio engenheiro estar presente. Nesses casos, o sistema de planejamento e controle da produção pode ser reformulado, e pode-se utilizar um esquema similar àquele apresentado para o caso da Empresa A (Capítulo 8). Isso significa que o plano de médio prazo passa a ser elaborado em uma planilha similar à apresentada na Figura 8.5 (Capítulo 8). Porém, pode-se preparar um *lookahead* de três ou quatro semanas, visto que o prazo de entrega desses empreendimentos é normalmente menor do que aqueles construídos pela Empresa A.

9.7 O processo de implementação do novo sistema

O processo de implementação do novo sistema de planejamento e controle da produção da Empresa B foi similar ao da Empresa A, apresentando algumas diferenças básicas. As diferenças estão relacionadas, principalmente, com o prazo disponível para a realização de algumas atividades essenciais ao projeto do novo sistema. Para facilitar a exposição desse processo ao leitor, optou-se por apresentar nesta seção o caso da primeira obra da Empresa B planejada e controlada com o novo sistema. Essa obra consistia na reforma de um centro de tratamento intensivo de um grande hospital de Porto Alegre (RS), negociada e planejada para ser executada em estrutura metálica, com a utilização de laje pré-moldada e paredes de gesso acartonado. O prazo contratado para a execução do empreendimento foi de 40 dias. Com a utilização do novo sistema, a construção do empreendimento foi finalizada em 36 dias.

Para facilitar também a comparação do processo de implementação com o caso da Empresa A (Seção 8.7, Capítulo 8), optou-se por listar os itens de maneira idêntica às etapas do plano de implementação elaborado para a Empresa B. São eles:

a   divulgação

Diferentemente do processo de implementação do sistema de planejamento na Empresa A, não houve tempo para realização dessa etapa na Empresa B. Isso ocorreu porque, no momento em que o sistema da Empresa B começou a ser projetado, a obra que iria utilizá-lo já estava prestes a ser iniciada. Optou-se por realizar essa etapa em conjunto com a reunião de apresentação do trabalho no canteiro de obras (ver item "g", adiante). Cabe salientar que essa não é a melhor forma de divulgar o trabalho que será realizado na empresa. O ideal é que todos os funcionários da empresa que irão se envolver direta ou indiretamente com o trabalho percebam a importância do novo sistema de planejamento e controle da produção por meio de uma campanha de divulgação bem sistematizada. Pode-se creditar o sucesso do novo sistema da Empresa B ao interesse expressivo de seus funcionários em utilizar todos os elementos do sistema. Além disso, durante a implementação, os principais envolvidos (diretor, engenheiro de obra e estagiário) estavam sempre propondo alternativas para melhorar os elementos do novo sistema.

b   seminário inicial

O seminário inicial também não foi realizado na Empresa B. A mesma causa que impediu a realização do processo de divulgação (item "a") pode ser utilizada aqui como justificativa. Não se pretende dizer, com isso, que o responsável pela elaboração do plano de implementação pode cortar a bel-prazer uma ou outra etapa, considerando-a menos importantes que as demais. Cabe dizer que, se essa etapa tivesse ocorrido na Empresa B, não teria havido problemas de compreensão de alguns conceitos de planejamento durante a elaboração dos planos nas semanas iniciais de trabalho. Esses problemas se referem, principalmente, aos requisitos de qualidade do plano de curto prazo (Seção 2.5.3, Capítulo 2). Em geral, o engenheiro teve certa dificuldade de conferir esses requisitos para os pacotes de trabalhos iniciais dos planos de médio e curto prazos. Como exemplo, cita-se o caso dos pacotes de trabalho do plano de curto prazo diário. Esses pacotes eram fracionados de pacotes maiores, extraídos do plano de médio prazo semanal. Segundo o engenheiro, por haver certa dificuldade de especificar o tamanho exato do pacote fracionado, seria mais fácil conferir uma fração ao pacote. A fração era relacionada com o número de dias do pacote de trabalho que constava no plano de médio prazo semanal. Assim, se havia um pacote no plano de médio prazo semanal denominado "COLOCAÇÃO DAS PLACAS DE GESSO ACARTONADO DAS ALAS L e M", de duração de 4 dias, a mesma denominação do pacote era utilizada no plano de curto prazo diário. Porém, no final da descrição do pacote, acrescentava-se uma fração correspondente ao dia de trabalho. Dessa forma, se as equipes de produção fossem executar aquele pacote em seu segundo dia de trabalho, o mesmo receberia a fração 2/4 (segundo dia de trabalho de quatro dias planejados). Evidentemente, isso traz alguns problemas ao controle. Contudo, o principal problema reside no fato de que a proposição de controle do engenheiro fez com que apenas o dia de trabalho fosse controlado, e não a quantidade de trabalho executada.

c preparação preliminar do plano de longo prazo

Esta etapa não foi incluída no plano de implementação da Empresa B porque o plano de longo prazo da obra já estava preparado quando eles resolveram projetar o novo sistema. Nesse caso, a vasta experiência da Empresa B na realização de obras similares fez com que o plano fosse produzido em um grau de detalhe apropriado para o novo sistema.

Porém, uma forma encontrada pela gerência da obra (diretor, engenheiro e estagiário) para diminuir o tempo de preparação dos planos foi a utilização de um programa computacional para planejamento e controle de empreendimentos. Assim, a gerência resolveu passar por um curso de treinamento no novo programa nas semanas iniciais da obra, para poder repassar o plano previamente preparado em uma planilha eletrônica para o formato utilizado no programa supracitado.

d reunião com os empreiteiros contratados para detalhamento de suas atividades

Embora esta etapa não tenha sido incluída no plano de implementação, o engenheiro salientou que ocorreram reuniões com os principais empreiteiros da empresa antes do início da obra, para apresentação dos serviços que deveriam ser executados. Obviamente, nessas reuniões, os empreiteiros deveriam ter detalhado a forma pela qual pretendiam executar os serviços pelos quais eram responsáveis. Contudo, isso não ocorreu dessa maneira, atestando os baixos índices de comprometimento obtidos por alguns deles. Esses índices foram registrados por meio do indicador denominado PPC/S (Percentual do Planejamento Concluído do Subempreiteiro), cuja definição e forma de coleta são apresentadas no Anexo 1 deste livro.

e formatação do plano de longo prazo

O plano de longo prazo foi formatado pelo engenheiro da obra, que utilizou o programa computacional citado anteriormente no item "c" para conferir mais transparência

O Caso de uma Empresa Orientada para a Construção de Edifícios Industriais e Hospitalares **153**

às atividades do programa. Assim, o engenheiro optou por especificar em cores diferentes cada setor de trabalho. As atividades do plano de longo prazo receberam a mesma cor do setor supracitado, e, com isso, a transmissão das metas a serem atingidas foi exposta de maneira mais clara para todas as equipes de produção da obra.

f preparação dos planos iniciais de médio e curto prazos

O plano inicial de médio prazo foi preparado em uma sexta-feira antes da primeira semana de trabalho na obra. Essa primeira reunião teve efeito minutos após a realização da reunião de apresentação do trabalho no canteiro de obras (item "g"), pois contou com a participação dos subempreiteiros contratados. Logo após a preparação do plano de médio prazo semanal, foi elaborado o plano de curto prazo diário para a segunda-feira seguinte. Na segunda-feira, às 7:30 da manhã, foi iniciada a reunião de apresentação das metas de trabalho para os encarregados dos empreiteiros. Nos demais dias da semana, as reuniões de discussão das metas diárias ocorreram de maneira similar à da segunda-feira. Na sexta-feira da primeira semana de trabalho, a reunião de discussão do plano de médio prazo da semana seguinte foi realizada após a reunião de discussão do plano de curto prazo. Essa rotina foi obedecida nas semanas seguintes de trabalho.

g reunião de apresentação do trabalho no canteiro de obras

Esta reunião envolveu os empreiteiros que iriam executar a obra, o diretor, o engenheiro, o estagiário e o mestre de obras, e foi realizada antes da reunião de discussão do plano inicial de médio prazo. Na oportunidade, o diretor salientou a importância fundamental do sistema para facilitar a troca de informações entre os participantes. O diretor solicitou, ainda, apoio de todos para que o sistema que estava sendo implementado atingisse seus objetivos.

h controle da obra

O controle da obra foi realizado diariamente, por meio da coleta de alguns indicadores do sistema apresentado no Anexo 1 deste livro. A diferença básica que ocorreu na coleta entre as Empresas A e B foi o indicador PPC (Percentual do Planejamento Concluído) diário. Contudo, esse último foi calculado de maneira similar ao cálculo do PPC semanal. A diferença reside no fato de que o PPC diário é calculado com auxílio do plano de curto prazo diário.

i seminários para avaliação dos resultados

Não houve seminários para avaliação dos resultados da obra estudada na Empresa B. Isso pode ser explicado pelo fato de a obra ter um curto prazo de execução, conforme mencionado anteriormente. No lugar do seminário, a gerência da obra optou por uma reunião que descreveu a evolução dos principais indicadores utilizados pelo novo sistema.

Deve-se frisar que a realização do seminário de avaliação é importante, pois facilita a disseminação do conhecimento obtido com a análise dos indicadores para todos os participantes. Isso, de fato, é difícil de conseguir somente em uma reunião com apenas a gerência da obra.

9.8 Conferindo maior visibilidade ao controle da obra

Para conferir maior visibilidade ao controle da obra, foi utilizado um sistema de indicadores de planejamento e controle da produção. Esse sistema foi desenvolvido por Oliveira (1999) e é apresentado em mais detalhes no Anexo 1 deste livro. No Capítulo 8, o leitor pode verificar a importância desse sistema para a melhoria do processo decisório de dado empreendimento residencial. Neste capítulo, o leitor irá verificar a importância desses indicadores para empreendimentos industriais e hospitalares.

No caso da obra de reforma hospitalar da Empresa B, verifica-se que o sistema de indicadores assumiu vital importância, pois por meio dele pôde-se identificar claramente quais os problemas que mereciam maior atenção por parte do engenheiro e do mestre de obras. De forma a exemplificar a maneira pela qual os indicadores foram analisados naquela obra, é apresentada a seguir uma série de figuras que descrevem a evolução dos principais indicadores utilizados. Pretende-se, com isso, esclarecer ao leitor a forma pela qual a análise desses indicadores pode ser realizada.

A análise dos indicadores normalmente é iniciada pelo gráfico de evolução do PPC (Percentual do Planejamento Concluído). Para o caso da obra em questão, foram analisados gráficos de PPC diário e semanal, de forma a atestar a eficácia dos planos de curto e médio prazos, respectivamente. A Figura 9.6 apresenta a evolução do PPC diário, correspondente à semana de trabalho nº 21. Conforme se pode verificar, o PPC diário teve características crescentes ao longo da semana estudada, com um ligeiro decréscimo entre a quarta e quinta-feira.

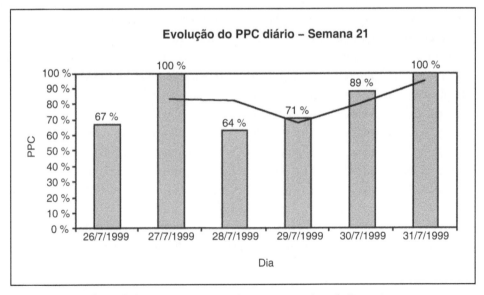

Figura 9.6 Evolução do PPC diário (semana de trabalho nº 21).

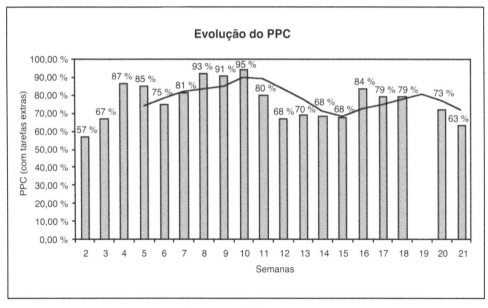

Figura 9.7 PPC semanal.

Na obra de reforma hospitalar da Empresa B foi calculado, conforme já mencionado ao longo deste capítulo, um PPC semanal. A Figura 9.7 apresenta um gráfico de evolução desse indicador. Por meio da análise desse gráfico, o engenheiro da obra pôde analisar a eficácia do plano de médio prazo semanal. Assim, verifica-se, com a análise da Figura 9.7, que houve certa variação do PPC semanal entre os patamares de 60 % e 90 %. As razões da variação são explicadas ao longo desta seção.

O motivo da variação do PPC semanal reside na aleatoriedade da ocorrência de problemas que não eram facilmente controláveis ou identificáveis. As condições adversas do tempo, que impediam, de alguma forma, a execução das tarefas, podem ser consideradas um exemplo desses problemas externos. Em algumas situações, inclusive, esse problema é quase impossível de se controlar (períodos chuvosos, por exemplo). Isso causava, em algumas semanas de trabalho, a queda do PPC.

A Figura 9.8 apresenta os problemas da semana de trabalho nº 21. Verifica-se que, nessa semana, o principal problema que afetou a continuidade das operações no canteiro de obras foram exatamente as condições adversas do tempo.

A Figura 9.9 corrobora o exposto anteriormente. Conforme se pode perceber, os principais problemas acumulados da obra foram a baixa produtividade, a interferência por parte do cliente e a falta de material do empreiteiro.

Por meio da identificação das reais causas dos problemas pelos quais as metas dos planos não estavam sendo cumpridas, procurou-se tomar decisões para a correção dos desvios. Nesse sentido, os três principais problemas foram analisados com mais detalhes. A Figura 9.10 apresenta um gráfico de evolução do número de ocorrência desses problemas. Cada período a que a figura se refere corresponde a quatro semanas de trabalho. Assim, os

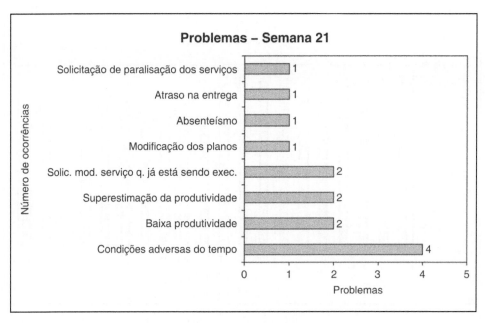

Figura 9.8 Problemas da semana de trabalho nº 21.

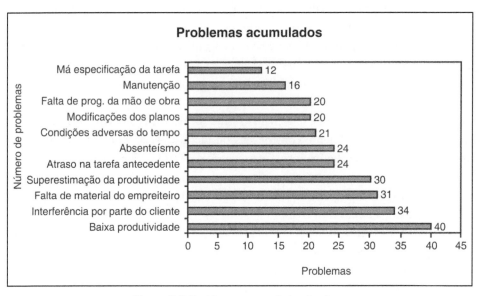

Figura 9.9 Problemas acumulados da obra.

26 problemas de baixa produtividade referem-se às quatro primeiras semanas de trabalho (somatório dos problemas das semanas 01, 02, 03 e 04). No período seguinte (somatório das semanas 02, 03, 04 e 05), a Figura 9.9 mostra que houve 16 citações para o problema BAIXA PRODUTIVIDADE. Optou-se por caracterizar o período de trabalho composto por quatro semanas móveis, para que os dados não fossem contaminados por uma semana

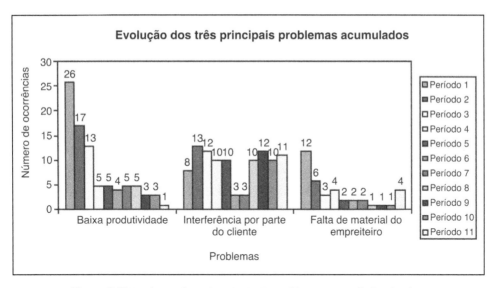

Figura 9.10 Evolução dos três principais problemas acumulados da obra.

(Fig. 9.10). Sem uma análise comparativa das semanas anteriores, é difícil verificar se as ações corretivas implementadas estão surtindo efeito (Fig. 9.11). Assim, para cada problema principal, foram realizadas as seguintes análises:

a **baixa produtividade**: normalmente esse problema ocorria por decorrência das constantes interrupções do fluxo de trabalho das equipes de produção, por parte do cliente e por falta de material do empreiteiro. Como a sistemática de discussão das metas tornou-se rotina na obra, esse problema começou a se reduzir, visto que o cliente procurou participar mais das reuniões de discussão do plano e o problema de falta de material do empreiteiro foi minorado (Fig. 9.10).

b **interferência por parte do cliente**: embora parte da interferência do cliente tenha sido resolvida, verificou-se que outro tipo de interferência era difícil de ser solucionado, visto que dependia do contexto do ambiente hospitalar. Alguns desses problemas referiam-se à solicitação de parada por parte de enfermeiras, devido à internação de um ou outro paciente em um dos quartos próximos à obra, que alegavam que o barulho que o serviço produzia o incomodava. Conforme se verifica na Figura 9.10, a variabilidade no número de ocorrências desse tipo de problema denota que ele é de difícil resolução.

c **falta de material do empreiteiro**: nesse caso, o empreiteiro deixava por disponibilizar o material apenas no início da semana de vigência do plano, provocando atraso dos serviços. Para esse caso, procurou-se estabelecer um procedimento para o empreiteiro com certa antecedência, alertando-o de que ele deveria disponibilizar o material até um sábado antes do início da tarefa. Essa decisão, como pode ser observado na Figura 9.10, permitiu a redução progressiva desse tipo de problema.

Em empresas que executam obras similares à Empresa B, devem-se observar alguns pontos importantes para o sucesso de seus sistemas de planejamento e controle da produção. Cabe ressaltar, mais uma vez, que não se pretende apresentá-los como obrigatórios. Cada construtora deverá, nesse caso, adaptar ou abstrair os pontos supracitados para seus casos específicos:

a   participação do representante do cliente

A participação do representante do cliente nas reuniões de discussão do plano de curto prazo é muito importante. Esse profissional pode contribuir de maneira proeminente, conforme já salientado, com sugestões de procedimentos executivos alternativos para as atividades que estão sendo executadas no canteiro de obras. Mesmo participando de reuniões esporádicas, a análise conjunta de dada situação da obra com o fiscal pode contribuir para a melhoria da eficiência na troca de informações entre contratado e contratante.

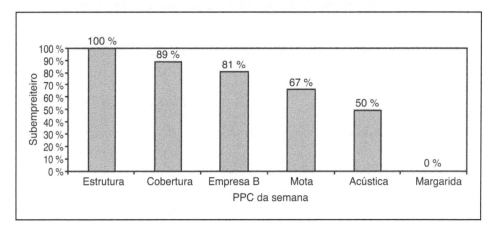

Figura 9.11 PPC do subempreiteiro.

b   antecipação e remoção das restrições em tempo hábil

Obras industriais e hospitalares de curto prazo caracterizam-se por apresentarem um grande número de restrições a serem removidas em um curto intervalo de tempo. Assim, quanto mais cedo o engenheiro começar a detalhar e a remover essas restrições, melhor para a garantia de continuidade das operações no canteiro de obras.

c   planejamento gráfico

O planejamento gráfico é essencial para a realização das reuniões de planejamento de curto prazo de obras industriais e hospitalares. Esse planejamento consiste no aprimoramento das informações nas pranchas dos projetos disponíveis, que são utilizadas na reunião de planejamento de curto prazo. O aprimoramento é realizado por meio da colocação, nas pranchas desses projetos, de elementos gráficos ou sinais, de forma a facilitar a transmissão das informações e a detalhar o local de trabalho para as equipes de produção. Um exemplo de planejamento gráfico utilizado nessa obra executada pela Empresa B é apresentado na Figura 9.12.

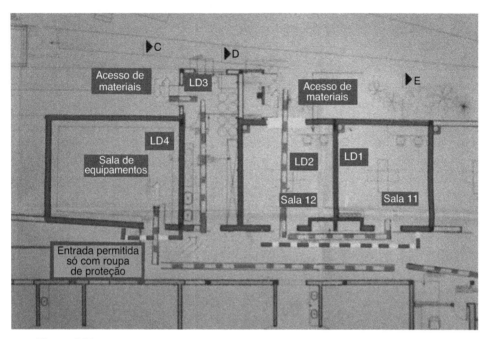

Figura 9.12 Planejamento gráfico em uma das pranchas do projeto da obra estudada.

9.9 Resumo do capítulo

Sistemas de PCP de obras residenciais são similares aos de obras industriais. Contudo, a intensidade no controle da obra pode variar de acordo com o prazo de execução do empreendimento e com as características do contrato firmado entre a empresa de construção e o cliente.

Conforme se pôde perceber ao longo deste capítulo, a maioria dos elementos trabalhados para o caso da Empresa B foi desenvolvida de maneira similar na Empresa A. Em ambos os casos, o sistema auxiliou significativamente o engenheiro, o mestre e os empreiteiros envolvidos na gerência da obra. Nesses casos, a melhor disseminação da informação, o aprendizado e a maior visibilidade conferida pelos indicadores possibilitaram a realização de ações corretivas de maneira relativamente rápida e eficaz, contribuindo, dessa forma, para a melhoria global do desempenho do sistema de planejamento utilizado.

Trabalho em grupo

Seu grupo foi contratado para projetar um sistema de planejamento e controle da produção para uma empresa que realiza obras de reforma em casas e prédios residenciais e comerciais. Em geral, essas reformas são realizadas em um prazo máximo de até quatro semanas. Tendo por base os estudos de caso apresentados nos Capítulos 8 e 9 deste livro, explicite como deve funcionar o sistema de planejamento de controle da produção para essa empresa. A equipe deverá desenhar um DFD tendo por base as Figuras 8.3 e 9.2. Além disso, deverá desenhar o formato dos planos a serem utilizados a exemplo do que ocorre nas Figuras 8.5, 8.6, 9.3 e 9.4. Devem-se definir também dias e horários para a preparação dos planos, reunião de disseminação dos planos na obra, indicadores de controle e como tais indicadores serão utilizados no processo decisório.

Fatores Críticos para o Sucesso de Sistemas de Planejamento e Controle da Produção

A experiência obtida com a implementação do modelo em empresas de construção possibilitou o estabelecimento de fatores que podem aprimorar a eficácia do planejamento de obras. Esses fatores devem ser considerados no desenvolvimento de sistemas de planejamento e controle da produção, juntamente com as diretrizes apresentadas no Capítulo 7.

10.1 Vínculo com a estratégia de produção

Um fator importante a ser considerado durante a aplicação do modelo relaciona-se à identificação de uma estratégia de produção para a empresa. Em alguns casos, as empresas de construção conseguem reconhecer a prioridade competitiva em que estão primando, mas não definem claramente os procedimentos adequados para implementar essa estratégia. Observa-se, porém, que, em empresas que têm essas prioridades definidas, o desenvolvimento de seus sistemas de planejamento e controle da produção ocorre de maneira mais fácil, visto que esses sistemas são projetados para o atendimento de tais prioridades.

Um dos motivos pelos quais empresas de construção têm dificuldade de definir suas prioridades competitivas pode residir no fato de que seus sistemas de PCP são, algumas vezes, desenvolvidos separadamente da estratégia de produção (PIRES, 1995). Segundo esse autor, um outro motivo que tem contribuído para essa situação está na literatura existente sobre as atividades do PCP, que tradicionalmente se concentra nas questões de nível operacional, sem enfocar os aspectos estratégicos que deveriam nortear essa atividade.

Segundo Barros Neto e Fensterseifer (1998), a partir do instante em que começarem a buscar essas coerências, as organizações começarão a ter uma visão mais sistêmica e dinâmica do processo de tomada de decisão estratégica na produção, podendo, dessa maneira, mudar as suas ações nos diferentes níveis de planejamento. Assim, conforme Pires (1995), com a congruência do PCP à estratégia de produção, as empresas encontrarão maior facilidade para melhorar seu desempenho.

10.2 Técnicas de preparação dos planos

Normalmente, os engenheiros de empresas de construção desconhecem as vantagens e desvantagens das técnicas de preparação dos planos existentes. Esse é o caso de uma das empresas que contribuíram com a concepção do modelo apresentado no Capítulo 5. No transcorrer do desenvolvimento do modelo, a empresa direcionou sua área de atuação para a construção de condomínios fechados de casas destinados à população de baixa renda. Anteriormente a empresa construía prédios residenciais voltados para a classe média alta de Porto Alegre (RS). Por serem esses empreendimentos repetitivos, a empresa poderia utilizar a técnica da linha de balanço. No entanto, por desconhecer essa técnica, o engenheiro preferiu alterar a forma pela qual o plano de longo prazo era elaborado (diagrama de Gantt) e utilizar técnicas de rede (CPM/PERT).

A persistência para a utilização de técnicas de rede estava reduzindo a credibilidade dos planos de longo prazo preparados, que, segundo um dos engenheiros entrevistados, estavam funcionando apenas 70 % do esperado. Assim, no desenvolvimento de módulos de reforço durante o processo de treinamento, deve-se procurar salientar a função e a utilidade das técnicas de preparação dos planos, de forma a evitar esse tipo de problema.

10.3 Plano consolidado

O plano consolidado de produção é elaborado tendo por base todos os planos de longo prazo das obras da construtora. Esse plano serve para identificar períodos nos quais ocorrem patamares máximos ou mínimos em um gráfico de utilização de recursos, de modo a facilitar seu nivelamento ou, ainda, auxiliar no processo de barganha por meio da negociação de compra de lotes maiores. O plano consolidado também pode ser utilizado para facilitar a análise de utilização de recursos críticos, que estão compartilhados entre as obras da empresa, de forma a nivelar seu uso sem comprometer o prazo de execução das metas.

A necessidade desse plano para o sucesso do sistema de PCP pode ser verificada em duas situações distintas:

a   **empresas que possuem muitas obras sendo desenvolvidas em paralelo**: neste caso, é necessário que ocorra uma negociação para utilização do recurso a ser compartilhado entre as várias obras para que não haja problemas de paralisação por falta de recurso;

b   **empresas com recursos críticos**: neste caso, existe na região de execução da obra certa carência de empreiteiros especializados, tornando esse recurso escasso. Assim, pode-se atuar nesse problema por meio da utilização de *buffers* (estoques) de tempo nas durações das atividades que necessitem do recurso, ou, ainda, procurando não carregar a equipe em sua capacidade máxima, de maneira a absorver os efeitos da incerteza.

10.4 Fluxo de caixa

Em geral, antes do início da execução do empreendimento, deve ser realizada uma análise de viabilidade do empreendimento para possibilitar ao diretor administrativo ou financeiro da empresa a análise de formas de captação de recursos. De posse dessa análise, pode-se utilizar o fluxo de caixa como base para a preparação do plano de longo prazo. Assim, o fluxo de caixa é determinante para o cálculo dos ritmos das atividades no canteiro.

Para sua elaboração, pode-se utilizar uma expectativa da taxa de ingressos financeiros de que a construtora deverá dispor ao longo da construção. Caso ocorra um período de redução na taxa prevista de ingressos, é possível que o prazo de entrega da obra seja comprometido. Isso pode ser explicado porque, normalmente, a redução das receitas pode causar uma desaceleração do ritmo das equipes de produção, seja por demissão de alguns funcionários próprios ou por renegociação de contratos junto aos subempreiteiros. Nesse sentido, quando as receitas começam a crescer novamente, volta-se a aumentar o ritmo produtivo por meio do ingresso de mais equipes no canteiro.

Uma possível forma de tentar proteger a produção contra os efeitos nocivos dessas mobilizações e desmobilizações de pessoal é por meio da definição de ritmos de produção um pouco abaixo daqueles correspondentes à utilização plena dos recursos financeiros previstos. Desse modo, pode-se criar um *buffer* financeiro ao longo da execução do empreendimento, de forma a lidar com períodos de redução nas receitas.

10.5 Equipes polivalentes

Em geral, quando determinado serviço de uma obra atrasa ou é solicitado um reparo em um apartamento já construído e vendido, o engenheiro monta uma equipe composta por funcionários de obras que possuem alguma disponibilidade de mão de obra e se dirige ao local para realizar o serviço. Contudo, esse procedimento pode trazer repercussões negativas ao ritmo das obras que emprestaram os funcionários, já que algumas de suas equipes foram desfalcadas.

Nesse sentido, pode-se montar uma equipe com certo grau de polivalência que contenha funcionários próprios da empresa, de forma a servir de suporte às situações de auxílio ou de reparos. O estabelecimento dessa equipe evita a redução do ritmo de trabalhos, visto que a sua utilização é considerada um *buffer* de recursos que pode minorar os efeitos da incerteza presentes no ambiente de trabalho. Caso não haja problemas de auxílio às atividades atrasadas ou, ainda, de reparos em apartamentos já construídos, a equipe pode ser designada para o desenvolvimento de pacotes de trabalho cujas restrições já tenham sido eliminadas, mas que não possuem mão de obra suficiente para executá-los.

10.6 Consideração de pequenos itens críticos

Pequenos itens críticos podem ser definidos como recursos classe 3 de baixo valor monetário e de alta diversidade, e que são utilizados para servirem de suporte ao desenvolvimento de atividades que agregam valor. Para mais detalhes sobre a classificação de recursos, ver a Seção 2.5.4, Capítulo 2. Alguns exemplos desses materiais classe 3 são: pinos, parafusos, pregos, lâmpadas, extensão elétrica, entre outros. Em geral, a sua falta pode ocorrer por esquecimento do engenheiro ou do mestre de obras. Nesse caso, como esses pequenos itens envolvem um baixo valor monetário, um funcionário da empresa tem de se deslocar para uma loja de materiais de construção para adquiri-los, visto que, normalmente, algumas dessas lojas se recusam a entregar esse tipo de recurso no canteiro em pequenas quantidades. Assim, a utilização do controle de estoque desses tipos de materiais no canteiro pode auxiliar a gerência da obra a disponibilizá-los em tempo hábil à execução dos serviços que deles dependem.

10.7 Planejamento de transferências de recursos

A transferência de uma equipe de produção de seu posto de trabalho para outro posto pode acarretar os seguintes problemas:

a redução na produtividade das equipes pela diminuição do efeito aprendizagem;

b desmotivação, visto que a equipe é inserida em um contexto de trabalho diferente daquele no qual ela já havia construído algumas relações de trabalho;

c diminuição do ritmo do serviço, desfalcado por redução do número de componentes ou por transferência completa da equipe.

Em algumas empresas de construção, pode haver dois tipos de transferência de equipes de produção. A primeira ocorre de uma obra para outra, e a segunda ocorre na mesma obra, na medida em que uma equipe é deslocada para auxiliar ou executar um outro pacote de trabalho que esteja com dificuldades de alcançar a meta planejada. Nesse caso, mesmo sem uma análise formal dos planos, mas apenas por meio de contato verbal com certa antecedência, pode-se evitar alguma interrupção na produção causada pela indisponibilidade do recurso quando necessário.

Uma forma de minorar problemas relativos à transferência de equipes de produção é por meio da utilização de equipes polivalentes, que assumem a função de manutenção de prédios já construídos ou que dão suporte a determinadas atividades em obras atrasadas. Contudo, caso não seja viabilizada a formação de uma equipe polivalente, a função do plano consolidado como elemento compatibilizador da utilização dessas equipes assume fundamental importância. Assim, o plano consolidado permite que o aviso de que irá haver a transferência ocorra de forma antecipada e planejada, e não de maneira imediatista e informal.

10.8 Estudos-piloto dos processos gerenciais e produtivos (*first run studies*)

Segundo Ballard e Howell (1997b), a realização desse tipo de estudo visa a identificar, nos ciclos iniciais de execução de determinado processo (gerencial ou de produção), os meios para a realização do trabalho, de forma a possibilitar a melhoria de seu desempenho. Esses autores acrescentam ainda que os processos gerenciais devem ser analisados em primeiro lugar porque são eles que irão dar suporte ao desenvolvimento dos processos produtivos. Por meio da realização desse tipo de estudo, podem-se padronizar os métodos de trabalho utilizados no desenvolvimento desses processos, diminuindo, assim, variações na execução das atividades (BALLARD; HOWELL, 1997b).

A implementação inicial do modelo em empresas de construção se constitui um tipo desse estudo, que é direcionado à melhoria do processo gerencial. No que tange aos processos produtivos, salienta-se que um momento propício para a realização dessas experiências ocorre durante a preparação do *lookahead* (ALVES, 2000). Isso ocorre porque esse tipo de plano confere maior visibilidade à distribuição dos pacotes de trabalho, facilitando a análise do sequenciamento e da sincronização da produção.

10.9 Análise de restrições

Muitos dos problemas que causam interferências no ritmo de produção podem ter seus efeitos minimizados, caso parte das restrições existentes no ambiente produtivo seja removida, de forma a reduzir ou eliminar seus efeitos. Exemplos dessas restrições são a falta de projeto, ou de detalhamento do mesmo; a falta de recursos suficientes para a execução de determinados serviços; ou, ainda, a existência de um recurso cuja capacidade seja inferior à sua demanda (GOLDRATT; COX, 1993).

Nesse caso, o planejamento de médio prazo cumpre papel fundamental, na medida em que facilita a identificação dessas restrições e estabelece um período necessário para que a gerência da obra atue sobre elas. Contudo, a elaboração desse tipo de plano não garante que as restrições serão trabalhadas a contento até o dia de execução dos pacotes de trabalhos a elas submetidos.

10.10 Requisitos de qualidade do plano operacional

De acordo com o exposto na Seção 2.5.3, Capítulo 2, são seis os requisitos de qualidade a que os pacotes de trabalho do plano operacional devem atender, de forma a evitar interrupções nos fluxos de trabalhos e possibilitar, com isso, a continuidade das operações no canteiro (BALLARD; HOWELL, 1997a). São eles: definição, tamanho, sequência, disponibilidade, aprendizado e confiabilidade.

Tomando como exemplo o requisito definição, percebe-se que o principal problema inerente à designação dos pacotes de trabalho em algumas empresas de construção se refere à não especificação detalhada do pacote de trabalho. Assim, é comum encontrar os planos de curto prazo especificando uma tarefa do tipo "iniciar a alvenaria". No exemplo apresentado, verifica-se que não se consegue definir claramente o local ou peça no qual a alvenaria estava sendo executada, nem o tamanho exato do pacote. Problemas como esse restringem a eficácia do processo de planejamento, na medida em que não fornecem base suficiente para posterior aprendizado ou controle do trabalho das equipes.

Outra falha frequentemente observada é a inclusão, no plano, de um pacote de trabalho sem a verificação da disponibilidade dos recursos necessários para a sua execução. Em alguns casos, a solicitação do recurso é realizada para a mesma semana à qual o plano se refere, desconsiderando completamente os efeitos da incerteza.

Desse modo, percebe-se que muitas interferências que ocorrem no canteiro de obras foram fruto de uma designação dos pacotes de trabalho que não foi submetida a uma análise dos requisitos de qualidade citados. Assim, a obediência a esses requisitos se constitui em um dos fatores essenciais para que o PCP alcance patamares de desempenho cada vez mais elevados.

Possíveis formas de tornar clara a importância do cumprimento desses requisitos reside na realização de programas de treinamento que reforcem essa necessidade, bem como no auxílio sistemático para os engenheiros de obra.

10.11 Resumo do capítulo

Este capítulo apresentou um conjunto de fatores para o sucesso dos sistemas de planejamento e controle da produção implementados em empresas de construção. Os fatores buscam contemplar ações que estão vinculadas às dimensões horizontal e vertical de planejamento. O próximo capítulo apresenta uma sistemática para avaliação dos sistemas implementados em empresas de construção.

EXERCÍCIO

10.1 Responda V (Verdadeiro) ou F (Falso) para as afirmações abaixo:

( ) Um dos motivos pelos quais empresas de construção têm dificuldade de definir suas prioridades competitivas pode residir no fato de que seus sistemas de PCP são, algumas vezes, desenvolvidos separadamente da estratégia de produção.

( ) Em empreendimentos repetitivos, recomenda-se a utilização unicamente das técnicas de rede, por essas últimas terem sido concebidas exatamente para esse fim.

( ) Um plano consolidado é essencial para empresas que estão executando uma única obra.

( ) Uma forma de se proteger a produção contra a variabilidade de receitas ocorre por meio da criação de um *buffer* financeiro ao longo da execução do empreendimento, de forma a lidar com períodos de redução nas receitas.

( ) O estabelecimento de uma equipe polivalente evita a redução de ritmos de trabalhos, visto que sua utilização é considerada um *buffer* de recursos.

( ) Pequenos itens críticos não precisam entrar no controle de estoque da obra.

( ) Quando há transferência de equipes de produção de uma obra para outra, sem planejamento, isso traz como consequência uma grande motivação aos membros da equipe transferida, por terem de encarar um novo desafio.

( ) A implementação inicial de um modelo de planejamento e controle de obras pode ser considerada como um estudo-piloto de processos gerenciais e produtivos.

( ) O plano de médio prazo é essencial para a identificação de possíveis restrições que podem interferir no ritmo produtivo da obra.

( ) Muitas interferências que ocorrem no canteiro de obras são fruto de uma designação de pacotes de trabalho que foram submetidos a uma rigorosa análise dos requisitos de qualidade das tarefas.

Sistemática de Avaliação de Sistemas de Planejamento e Controle da Produção de Empresas de Construção

11.1 Introdução

Este capítulo tem por objetivo apresentar uma sistemática de avaliação de sistemas de planejamento e controle da produção para empresas de construção. Essa avaliação deve ocorrer intermitentemente no ambiente da empresa. Nesse caso, durante a própria preparação do processo de planejamento, e dependendo do prazo da obra, podem-se estabelecer datas específicas nas quais essa avaliação será realizada. A avaliação possibilita a identificação de áreas que merecem atenção na gestão da produção da empresa.

Para a realização da avaliação, deve-se utilizar um conjunto de práticas consideradas essenciais para uma implementação bem-sucedida do modelo de planejamento e controle da produção apresentado no Capítulo 5. Deve-se focalizar a análise nas práticas em detrimento dos elementos do modelo, visto que uma empresa pode utilizar determinado elemento sem aplicar integralmente as práticas correspondentes. Assim, a utilização dos elementos, por si só, não garante que haverá melhoria no desempenho da produção.

Este capítulo apresenta, inicialmente, as práticas utilizadas para avaliação dos sistemas de planejamento e controle da produção. Em seguida, são apresentados os critérios pelos quais essas práticas podem ser avaliadas, e, por fim, exemplifica-se como a avaliação deve ser realizada. O capítulo termina com uma análise da utilização de cada prática listada em um grupo das empresas de construção gaúchas, de maneira a possibilitar a identificação de fatores que facilitam ou dificultam a implementação dessas práticas.

11.2 Práticas associadas ao processo de planejamento e controle da produção

Esta seção apresenta o conjunto de práticas associadas ao processo de planejamento e controle da produção. As práticas identificadas são discutidas a seguir.

11.2.1 Padronização do PCP

Segundo Maximiano (2000), as deficiências existentes em determinado produto têm como uma de suas causas principais as falhas que ocorreram no cumprimento das especificações durante a produção desse produto. Uma maneira de minimizar essas falhas é por meio da padronização de processos gerenciais. A padronização permite diminuir a variabilidade desses processos e possibilita o registro da capacitação tecnológica da empresa, libertando-a da dependência exclusiva da experiência individual de seus técnicos (Boggio, 1995).

De acordo com Shingo (1996), a padronização é especialmente eficaz para aumentar a produtividade, por meio da diminuição das ineficiências resultantes da diversificação das tarefas. Por sua vez, Koskela (1992) salienta que a padronização é considerada um meio potencial para se reduzir a variabilidade tanto nas atividades de conversão como nas de fluxo, bem como para se fixar um parâmetro que deve ser constantemente melhorado.

Para a padronização de processos gerenciais, podem-se utilizar procedimentos ou manuais que especifiquem como esses processos devem ser conduzidos (Turner, 1993). Entretanto, de acordo com Ghinato (1996), a simples determinação de padrões e a elaboração de manuais, ainda que apropriados e perfeitamente construídos, não são capazes de assegurar a realização de processos e operações livres de erros. Segundo esse autor, para se atingir esse objetivo, é necessário promover o treinamento a respeito do conteúdo desses manuais às pessoas envolvidas e responsáveis pelas funções de execução e controle.

Assim sendo, é importante que o sistema de PCP desenvolvido seja padronizado de forma a facilitar os processos de treinamento na empresa. Nesse caso, podem ser preparados manuais que auxiliem, inclusive, na transmissão da forma pela qual o PCP deve ser conduzido na empresa para os novos funcionários.

11.2.2 Hierarquização do planejamento

A hierarquização do planejamento refere-se à maneira como as metas de produção são vinculadas aos horizontes de longo, médio e curto prazos. Conforme discutido no Capítulo 2, o detalhamento das metas fixadas nos diferentes níveis de planos deve ser maior à medida que se aproxima a data de execução da atividade. Isso pode ser apresentado como uma forma de se reduzir o impacto da incerteza existente no ambiente produtivo.

A utilização dessa prática possibilita a minimização do retrabalho no processo de preparação dos planos, visto que, para horizontes muito grandes, planos excessivamente detalhados estão mais sujeitos a erros e a atualizações do que planos menos detalhados (Laufer; Tucker, 1987). O próprio estabelecimento de planos hierarquizados auxilia no controle, já

170 Capítulo 11

que, por meio da hierarquização, cada nível gerencial pode se concentrar no desenvolvimento de tarefas que possibilitem o cumprimento das metas fixadas.

11.2.3 Análise e avaliação qualitativa dos processos

Segundo Shingo (1996), para se aumentar o desempenho global da produção, devem-se melhorar inicialmente os processos, enquanto as operações devem ser melhoradas em segunda instância. No trabalho de Saurin (1997), verifica-se que as sugestões apresentadas para a realização de melhorias nos processos produtivos advêm de observações realizadas no próprio canteiro de obras, por meio de uma avaliação qualitativa de espaços físicos destinados ao armazenamento, à movimentação e à disposição de materiais e equipamentos.

De acordo com Oglesby *et al.* (1989), o primeiro passo na melhoria das atividades que estão sendo executadas é a compreensão e a análise da forma pela qual o trabalho está sendo desenvolvido. Uma maneira de realizar essa análise é por meio de reuniões semanais no canteiro, nas quais participam o gerente de produção, o engenheiro e o mestre de obras, com a finalidade de identificar e diagnosticar problemas ou oportunidades de melhoria na execução dos serviços (LAUFER et *al.*, 1992). Para a realização dessas reuniões, não é necessária, em um primeiro momento, a utilização de dados coletados por meio de técnicas, como a amostragem do trabalho, por exemplo (LAUFER *et al.*, 1992). Os problemas podem ser identificados, inicialmente, por meio de uma análise qualitativa dos processos produtivos que estão sendo executados.

Aliada às observações, a forma pela qual o processo está sendo realizado pode ser registrada por meio da utilização de filmagem ou fotografias dos locais de trabalho. Esses últimos recursos são recomendados para uma avaliação qualitativa dos processos, visto que permitem documentar movimentos e posturas, bem como interligações e interdependências entre tarefas (OGLESBY *et al.*, 1989; SANTOS *et al.*, 1997).

11.2.4 Análise dos fluxos físicos

Segundo Alves (2000), o principal objetivo a ser alcançado com a análise dos fluxos físicos é a eliminação ou redução das perdas inerentes ao processo produtivo. De acordo com essa autora, a existência de variações nos fluxos de recursos e insumos que abastecem a produção é resultado de um ambiente incerto. Desse modo, a redução dos efeitos da incerteza nos fluxos se constitui um passo importante para a diminuição das perdas na construção. Algumas formas de se reduzirem os efeitos da incerteza podem ser listadas a seguir:

a   proteger a produção por meio do cumprimento dos requisitos do plano de curto prazo (BALLARD; HOWELL, 1997a);

b   realizar ações em prol da redução de interferências das metas fixadas no plano de médio prazo (TOMMELEIN; BALLARD, 1997);

c   desenvolver parcerias com fornecedores, no longo prazo, que focalizem a entrega de insumos com qualidade e no prazo solicitado pela empresa (ALVES, 2000);

d estabelecer *buffers* (folgas) de tempo e recursos entre as atividades que estão sendo executadas no canteiro (HOWELL; BALLARD, 1997) como forma de se aumentar a confiabilidade do planejamento de curto prazo.

O aumento da capacidade de visualização conferida por meio desse tipo de análise acaba possibilitando maior transparência à forma de execução das tarefas, facilitando um melhor sequenciamento dos pacotes de trabalho (ALVES, 2000). Aliada a uma melhor configuração dos pacotes de trabalho, a incorporação de técnicas de mapeamento de processos pode facilitar a identificação de conflitos de tempo e de espaço, minorando assim interferências entre as equipes de produção (ALVES, 2000).

11.2.5 Análise de restrições

Após a realização do processo de triagem, os pacotes de trabalho podem ser submetidos a uma análise de restrições (BALLARD, 2000). São alguns exemplos de fontes de restrições: cláusulas contratuais, projeto inacabado, processo de aprovação de projetos, não disponibilidade de recursos, problemas na execução de pacotes predecessores àquele que está sendo planejado, entre outras.

Uma das razões para o não cumprimento das metas fixadas no plano de curto prazo está na não remoção de algumas das restrições supracitadas (BALLARD, 2000). Nesse caso, o processo de análise de restrições possibilita o aumento da continuidade das operações no canteiro e a consequente melhoria de eficácia do planejamento, mas exige que, durante a análise, os responsáveis por esse processo tenham conhecimento do desempenho real do sistema de produção, bem como tenham identificado as causas dos principais problemas existentes na obra.

11.2.6 Utilização de dispositivos visuais

Um dispositivo visual constitui-se um elemento intencionalmente projetado para compartilhar informações essenciais ao desenvolvimento de uma tarefa (GALSWORTH, 1997). Segundo Koskela (1992), a utilização de dispositivos visuais para habilitar qualquer funcionário da empresa a identificar, de forma imediata, os padrões e desvios existentes no processo pode ser considerada uma forma para se aumentar a transparência dos mesmos.

Um dispositivo visual que pode aumentar a transparência da forma de desenvolvimento do processo se refere, por exemplo, às placas de indicação de locais de descarga e de acessos de materiais e mão de obra nos postos de trabalho, melhorando a comunicação no canteiro.

Alves (2000) salienta que a utilização de dispositivos visuais no canteiro é essencial para o desenvolvimento dos fluxos, aumentando a transparência dos processos. Segundo a autora, a utilização dessa prática pode reduzir a ocorrência de congestionamentos por causa de materiais, ferramentas e equipamentos que se encontram distribuídos de maneira desorganizada no canteiro.

11.2.7 Formalização do planejamento de curto prazo

A formalização do planejamento de curto prazo por meio da realização de ações que protejam a produção contra os efeitos da incerteza facilita a designação das metas às equipes de trabalho e o controle da produção. Isso pode ser explicado porque as tarefas designadas ficam registradas em uma planilha, de uma maneira organizada e clara.

Para a implementação dessa prática, é necessário o envolvimento do mestre na etapa de preparação dos planos, conforme preconizado nas diretrizes de aplicação dessa técnica (BALLARD; HOWELL, 1997a). A presença do mestre é considerada, nesse caso, essencial para a fixação de metas de acordo com as reais potencialidades do sistema produtivo (BALLARD; HOWELL, 1997a). Isso pode ser explicado na medida em que esse profissional tem amplo conhecimento das tarefas que estão sendo executadas na obra, conhecimento este possibilitado, em grande parte, por seus contatos frequentes com os membros das equipes de produção nos postos de trabalho.

Outro ponto fundamental inerente a essa prática se refere à facilidade para se analisarem os dados coletados. Nesse caso, na medida em que se tem um histórico preciso dos problemas pelos quais as metas planejadas não foram executadas a contento, torna-se mais fácil a identificação dos efeitos das decisões tomadas para a correção de desvios nos planos.

11.2.8 Especificação detalhada das tarefas

Uma tarefa cuja especificação é mal detalhada pode provocar a execução de atividades incompatíveis com os requisitos dos clientes, gerando retrabalho e possíveis interferências em suas tarefas sucessoras. Assim, na medida em que uma tarefa possui uma especificação mais bem detalhada, diminuem as chances de ocorrência de erros pela falta de informação. Nesse sentido, ocorre um aumento da compreensão da forma pela qual ela tem de ser executada, facilitando, com isso, o controle dos serviços, visto que o início e o término claros do pacote de trabalho podem ser identificados de maneira mais precisa.

11.2.9 Programação de tarefas reservas

O estabelecimento de tarefas reservas confere um caráter contingencial ao plano de curto prazo, cujos objetivos principais residem na absorção dos efeitos da incerteza existentes no ambiente produtivo (BALLARD; HOWELL, 1997a). Assim, caso haja alguma interferência no fluxo de trabalhos no canteiro, deve-se procurar deslocar as equipes afetadas para outros serviços prioritários. A forma pela qual as tarefas reservas são identificadas e incluídas no plano de curto prazo foi suficientemente discutida no Capítulo 2 deste livro.

11.2.10 Tomada de decisão participativa

Normalmente, para o planejamento, a tomada de decisão participativa ocorre por meio da análise dos indicadores de planejamento e de produção em reuniões específicas ou durante a discussão consensual das metas do plano (OLIVEIRA, 1999).

A necessidade da tomada de decisão participativa pode instigar os funcionários envolvidos a identificar formas possíveis de melhorar o desempenho global dos processos, bem como minorar a incidência de retrabalho e interferências entre equipes de produção. Essas ações tendem a facilitar a obtenção de comprometimento das equipes de produção com as metas dos planos, já que os próprios representantes das equipes negociam com a gerência da obra formas viáveis para executar os serviços.

Uma vez que a decisão discutida por todos foi implementada, verifica-se que os funcionários envolvidos no planejamento podem aprender com seus efeitos. Nesse caso, como a comunicação entre os vários participantes aumenta por causa das reuniões de discussão das metas, os trabalhos tendem a ser desenvolvidos mais em sintonia uns com os outros (LAUFER et al., 1992). A melhoria de comunicação entre os envolvidos e o processo decisório permite que todos os participantes tenham noção do estado do sistema de produção, o que acaba conferindo, de certo modo, maior transparência e motivação ao ambiente de produção (MAXIMIANO, 2000).

11.2.11 Utilização do PPC e identificação das causas dos problemas

No Capítulo 2, verificou-se que a utilização do PPC e a identificação das causas dos problemas são práticas cuja utilização deve ocorrer de forma conjunta. Isso ocorre porque é por meio das ações realizadas para minorá-los que se pode reduzir a variabilidade no processo de planejamento. Nesse caso, o acompanhamento da variabilidade do PPC indica se as ações realizadas para minimização ou eliminação de tais problemas estão surtindo efeito.

11.2.12 Utilização de sistemas de indicadores de desempenho

As medições realizadas sobre processos gerenciais e produtivos fornecem aos gerentes os dados e fatos necessários à tomada de decisões e às ações de melhoria da qualidade e produtividade da empresa (LANTELME et al., 1995). Sink e Tuttle (1993) definem medição como um processo que envolve a decisão sobre o que medir, a coleta propriamente dita, o processamento e a avaliação de dados.

Por meio da utilização de medições e avaliações de desempenho de processos, podem-se estabelecer padrões que, se adotados, podem melhorar a qualidade da informação disponível para o processo decisório (ALARCÓN, 1997). Dessa forma, a utilização de indicadores para medição do desempenho de processos gerenciais e produtivos facilita a análise de eficácia do planejamento e do ambiente no qual a produção está inserida (OLIVEIRA, 1999). O estudo desses indicadores pode tornar visíveis os atributos da produção que, normalmente, não estariam explícitos, dificultando uma tomada de decisão compatível para a correção de desvios do planejamento.

O acompanhamento periódico da evolução desses indicadores, aliado às decisões tomadas, possibilita que os funcionários responsáveis pela tomada de decisão sejam inseridos em um processo de aprendizagem que, por sua vez, pode levar à melhoria contínua dos processos produtivos (CHIESA et al., 1996).

174 Capítulo 11

11.2.13 Realização de ações corretivas a partir das causas dos problemas

Essa prática ocorre à medida que a variabilidade do PPC vai sendo minorada pelo efeito das ações realizadas, por meio da análise dos problemas que causam alguma interferência na produção. Por sua vez, a redução da variabilidade nesse indicador ocorre à medida que os responsáveis pelo plano de curto prazo têm uma noção mais precisa da capacidade de produção de seus recursos (BALLARD, 1999).

Nesse sentido, nos estágios iniciais de desenvolvimento dos processos produtivos, quando não se tem um conhecimento preciso da capacidade produtiva real das equipes de trabalho, pode-se reduzir o tamanho das tarefas a patamares inferiores ao ritmo médio previsto (BALLARD, 1999). Essa ação pode facilitar a identificação de melhorias nos fluxos de trabalho estabelecidos ou, em último caso, indicar a necessidade da disponibilização de recursos adicionais para que o ritmo de produção cumpra o planejado.

Assim, à medida que é desenvolvido por meio de dados coletados no canteiro, o planejamento se torna mais confiável (BALLARD, 1999). Com o aumento da confiabilidade, pode-se aumentar o tamanho dos pacotes planejados a patamares próximos ao ritmo de trabalho médio.

11.2.14 Realização de reuniões para a difusão de informações

Essas reuniões são destinadas à difusão de informações que abranjam alterações na forma de execução dos serviços por solicitação do cliente, ou, ainda, problemas não previstos na execução dos serviços dentro da semana para a qual o plano é válido. Contudo, pode-se aproveitar a realização da reunião de discussão das metas para difundir as informações supracitadas. A reunião pode ser realizada com os mesmos participantes daquela destinada à discussão do plano de curto prazo, sendo solicitada pelos encarregados das equipes, mestre de obras ou, ainda, pelo engenheiro responsável.

Com a realização dessas reuniões, torna-se mais fácil alcançar os resultados almejados, visto que os participantes da reunião passam a ser informados com clareza sobre o que deve ser feito, bem como quais são as fontes de problemas que precisam ser atacadas, para que a execução das metas fixadas não seja comprometida.

Embora essas reuniões estejam associadas à prática destinada à tomada de decisão participativa, a ocorrência delas não implica, necessariamente, que os funcionários envolvidos irão participar da tomada de decisões. Nesse caso, para que esses funcionários possam contribuir com o processo decisório, é importante que, além da difusão da informação, a prática referente à tomada de decisão participativa (Seção 11.2.10) tenha sido implementada.

11.3 Critérios para análise da aplicação das práticas

Antes de se avaliar a empresa, deve-se procurar identificar, inicialmente, os critérios para avaliação das práticas supracitadas. Nesse caso, percebe-se que, por vezes, uma mesma empresa pode aplicar parcialmente uma prática, ou, em outros casos, a empresa trabalha com a prática mesmo sem ter sido implementada por meio da utilização de determinado elemento do modelo apresentado no Capítulo 5. A análise da forma pela qual a empresa está utilizando a prática ocorre qualitativamente. Em geral, os dados utilizados para essa análise são exemplos de planos de longo, médio e curto prazos preenchidos, observações não estruturadas nas reuniões de preparação e discussão desses mesmos planos, bem como observações não estruturadas no escritório do canteiro de obras. Pode-se, também, lançar mão de entrevistas com o engenheiro de obra e o diretor técnico, de forma a esclarecer alguma dúvida na análise dos dados anteriores.

Foram estabelecidos os seguintes critérios de avaliação:

a **M – prática resultante da aplicação dos elementos do modelo**: neste caso, verifica-se a utilização integral da prática listada e, de acordo com evidências da avaliação, se a mesma foi resultante da aplicação do modelo de planejamento e controle da produção apresentado no Capítulo 5 deste livro;

b **MP – prática resultante da aplicação dos elementos do modelo, mas que está sendo utilizada de forma parcial na empresa**: deve-se conferir esse valor quando a empresa continua com a aplicação da prática, porém de forma diferente daquela preconizada pelo modelo. Por exemplo, no caso da prática denominada "tomada de decisão participativa para o controle do sistema de produção", é necessário que haja uma discussão das metas do plano de curto prazo entre os responsáveis pela obra e os encarregados das equipes de produção, para que se chegue a um consenso. Contudo, se a reunião não mais ocorrer dessa forma, mas de maneira individual entre cada encarregado e o mestre ou o engenheiro no próprio local em que se está executando o serviço, considera-se que ainda está havendo alguma forma de participação, mas que a prática foi implementada de maneira parcial;

c **NI – prática não implementada por meio dos elementos do modelo nem utilizada pela empresa**: neste caso, não há qualquer evidência de aplicação da prática no sistema de planejamento e controle da produção utilizado pela empresa;

d **NIU – prática não implementada por meio dos elementos do modelo, mas que é utilizada de forma integral pela empresa**: esse valor deve ser conferido para a prática que está sendo aplicada por mérito próprio da empresa, e não pela aplicação do modelo em si;

e **NIUP – prática não implementada por meio dos elementos do modelo, mas que é utilizada de forma parcial pela empresa**: confere-se esse valor para o caso da prática que não tenha sido trabalhada por meio da aplicação do modelo de planejamento, mas que está sendo utilizada parcialmente pela empresa;

f **D – prática implementada por meio dos elementos do modelo, mas que foi descartada do sistema ao longo do tempo**: neste caso, verifica-se que a prática, embora implementada por meio de algum elemento do modelo, não está sendo mais utilizada pela empresa.

11.4 Exemplo de aplicação da sistemática de avaliação de sistemas de planejamento e controle da produção

A avaliação dos sistemas de planejamento e controle da produção de empresas de construção pode ocorrer por meio do estudo de dois indicadores básicos: um indicador de adequação do modelo na empresa e um indicador de eficácia da implementação.

O indicador de adequação do modelo nas empresas é obtido por meio de uma média ponderada, na qual cada uma das catorze práticas apresentadas anteriormente corresponde a 7,15 %, isto é (1/14) × 100, de utilização no sistema de planejamento na empresa estudada. Nesse sentido, as práticas devem ser contabilizadas de acordo com os pesos 1 e 0,5 para aquelas que foram implementadas de forma integral e parcial, respectivamente. Assim, um índice de 30 % para esse indicador significa que 30 % dos elementos do modelo estão sendo utilizados na empresa avaliada.

Por sua vez, o indicador de eficácia da implementação deve ser calculado por meio de uma média ponderada que leva em consideração apenas as práticas implementadas pela equipe de desenvolvimento (Capítulo 7). Nesse caso, não são contabilizadas as práticas que receberam avaliação NI, NIU e NIUP (Seção 8.2). Da mesma maneira que no indicador anterior, devem ser utilizados os pesos 1 para implementação integral e 0,5 para implementação parcial da prática. Assim, um percentual de 30 % indica que 30 % dos elementos cuja implementação foi realizada com apoio da equipe de desenvolvimento foram consolidados na empresa.

11.4.1 O caso de uma empresa de construção de Porto Alegre (RS)

Contexto da empresa

Inicialmente, essa empresa atuava na construção de edifícios residenciais para a classe média de Porto Alegre, Rio Grande do Sul (RS). A empresa mudou sua área de atuação no mercado entre os anos de 1996 a 2001, passando a construir predominantemente condomínios de casas para a classe média baixa, com financiamento da Caixa Econômica Federal. Essa alteração provocou uma simplificação do produto, reduzindo, assim, a incidência de problemas relativos a projeto, que causavam, com frequência, interferências na produção da edificação.

O tempo de execução também diminuiu, passando de 12 meses, para o caso de edifícios de vários pavimentos, para 90 dias, no caso das casas. Como a velocidade foi apresentada como principal diferencial competitivo da empresa no mercado, a empresa passou a priorizar ainda mais o desenvolvimento do sistema de planejamento e controle da produção.

Cabe ressaltar que a entrega no prazo acordado era importante mesmo nos empreendimentos anteriores, pois contribuía para manter a credibilidade da empresa junto aos seus potenciais clientes. A empresa também foi submetida a um processo de certificação ISO-9002 a partir do último ano de desenvolvimento de seu sistema de PCP.

Visão geral do sistema de planejamento e controle da produção

O sistema de planejamento e controle da produção foi certificado juntamente com os demais processos gerenciais da empresa, fazendo com que os documentos desse sistema tivessem que ser utilizados como padrões de processo em todas as obras. Nesse sentido, de acordo com a percepção dos funcionários entrevistados, a melhor organização propiciada pela certificação acabou influenciando positivamente os resultados do planejamento e controle da produção, visto que a construtora começou a gerenciar melhor seus processos produtivos.

Com relação ao plano de longo prazo, verifica-se que, normalmente, a obra era dividida em fases, definidas pelo diretor técnico e pelo engenheiro da obra, com diferentes datas de início e apresentando um prazo de execução de 90 dias. Em geral, na preparação do plano de longo prazo, o engenheiro estipulava uma duração de 75 dias para entrega de cada fase. Contudo, o prazo prometido para o cliente final continuava sendo de 90 dias, fazendo com que os 15 dias finais, fixados nesse plano, fossem destinados a recuperar eventuais atrasos na execução das atividades.

Entretanto, a falta de uma identificação precisa do caminho crítico fazia com que não houvesse meios de se saber quais eram as folgas das atividades executadas. Assim, quando ocorria um atraso em determinada atividade, não havia como verificar se ela estava consumindo o *buffer* (folga) que fora utilizado para proteger a produção contra os efeitos da incerteza.

Além disso, essa empresa estava trabalhando, também, com o plano de médio prazo móvel, que era elaborado mensalmente para um horizonte de três meses, conforme preconizado no sistema original. As atividades que constavam nesse plano eram, em geral, desdobramentos das metas fixadas no plano de longo prazo. Essa hierarquização também foi observada no plano de curto prazo.

No plano de curto prazo, a empresa estava designando os pacotes de trabalho para as equipes de produção sem observar os seus requisitos de qualidade. Desse modo, a variabilidade no processo de planejamento continuou alta em relação aos dados obtidos durante o período de implementação, porém apresentando ligeiro sinal de melhoria. Essa melhoria pode ser visualizada na Tabela 11.1, que apresenta uma comparação do PPC médio, desvio-padrão e coeficiente de variação das obras correspondentes ao período durante o desenvolvimento do sistema (obras 1 a 5) e daquelas referentes a um período no qual o referido sistema já estava consolidado na empresa (obras 6 e 7).

Pelo que se pode perceber, as obras 6 e 7 apresentaram melhores resultados em termos de redução de variabilidade no processo de PCP que as do período anterior (1 a 5). Conforme já salientado, o próprio processo de certificação, que incluiu o sistema de PCP, a simplificação do projeto e o caráter repetitivo das obras foram os principais fatores que provocaram essa melhoria.

Nesse contexto, um ponto positivo na forma pela qual a empresa estava trabalhando se refere às tentativas, de parte do engenheiro e do mestre, de resolução de problemas da maneira mais rápida possível. Contudo, como não havia uma análise acumulada desses problemas, eles não conseguiam identificar precisamente quais desses problemas eram os principais causadores da variabilidade e do não cumprimento das metas.

Tabela 11.1 PPC médio, desvios-padrão e coeficientes de variação das obras estudadas na empresa

PERÍODO	OBRA	SEMANAS DE COLETA DE DADOS	PPC MÉDIO	DESVIO-PADRÃO	COEF. DE VARIAÇÃO
Durante o desenvolvimento do sistema	1	22	48,53 %	22,38 %	46,12 %
	2	25	40,27 %	15,19 %	37,72 %
	3	26	47,97 %	22,93 %	47,80 %
	4	27	56,58 %	16,57 %	29,29 %
	5	9	58,22 %	17,14 %	29,44 %
Após o desenvolvimento do sistema	6	26	69,07 %	18,18 %	26,32 %
	7	30	80,34 %	14,46 %	18,02 %

Com relação aos indicadores de planejamento implementados na empresa, percebeu-se que apenas o PPC continuou a ser coletado no período, juntamente com o PPC do subempreiteiro. Contudo, esses indicadores não estavam mais sendo divulgados para as equipes de produção, pois as reuniões para a negociação dos pacotes do plano semanal não estavam mais ocorrendo.

Utilização das práticas pela empresa

A avaliação das práticas utilizadas pela Empresa A é apresentada na Tabela 11.2. De acordo com essa tabela, percebe-se que a prática referente à utilização de indicadores do PPC e da produção foi descartada. Segundo um engenheiro da empresa, o motivo do descarte foi a falta de tempo para a coleta e o processamento dos dados, visto que, durante o período de desenvolvimento do sistema, esses dados eram coletados por pesquisadores da UFRGS engajados com o projeto.

Outras práticas que foram descartadas referem-se à utilização de registros visuais e à avaliação qualitativa do processo para o planejamento das tarefas. Nesse caso, o engenheiro salientou que essas questões não foram abordadas com profundidade na empresa.

Com relação à tomada de decisão participativa, verifica-se que a empresa estava utilizando essa prática de maneira parcial. Isso pode ocorrer porque, conforme salientado anteriormente, as reuniões de negociação dos pacotes de trabalho do plano de curto prazo não estavam sendo realizadas. Porém, isso é explicado pelo fato de o mestre se dirigir até os postos de trabalho e discutir individualmente as metas com cada uma das equipes.

Com relação à prática referente à realização de reuniões, verificou-se que ela estava ocorrendo de forma parcial, já que pelo menos ocorriam algumas reuniões isoladas para discutir com os subempreiteiros problemas na execução dos serviços.

Analisando ainda a Tabela 11.2, as práticas referentes à hierarquização do planejamento e à utilização do PPC e identificação das causas dos problemas foram implementadas de maneira integral. Pode-se dizer que a certificação acabou exigindo que essas práticas continuassem a ser adotadas pela empresa, bem como possibilitou que os processos gerenciais fossem padronizados.

Sistemática de Avaliação de Sistemas de Planejamento e Controle da Produção... 179

Tabela 11.2 Práticas utilizadas e descartadas de uma empresa de construção

PRÁTICA	Empresa A
1. Padronização do PCP	M
2. Hierarquização do planejamento	M
3. Análise e avaliação qualitativa dos processos	D
4. Análise dos fluxos físicos	NIUP
5. Análise de restrições	NI
6. Utilização de dispositivos visuais	D
7. Formalização do planejamento de curto prazo	MP
8. Especificação detalhada das tarefas	M
9. Programação de tarefas reservas	D
10. Tomada de decisão participativa	MP
11. Utilização do PPC e identificação das causas dos problemas	M
12. Utilização de sistema de indicadores de desempenho	D
13. Realização de ações corretivas a partir das causas dos problemas	MP
14. Realização de reuniões para difusão de informações	MP
Eficácia da implementação:	**50 %**
Adequação do modelo na empresa:	**46,4 %**

Legenda:
M – prática resultante da aplicação dos elementos do modelo (peso 1).
MP – prática resultante da aplicação dos elementos do modelo, mas que está sendo utilizada de forma parcial na empresa (peso 0,5).
NI – prática não implementada por meio dos elementos do modelo, nem é utilizada pela empresa.
NIU – prática não implementada por meio dos elementos do modelo, mas que é utilizada de forma integral pela empresa.
NIUP – prática não implementada por meio dos elementos do modelo, mas que é utilizada de forma parcial pela empresa.
D – prática implementada por meio dos elementos do modelo, mas que foi descartada do sistema ao longo do tempo.

Nessa empresa, embora não se tenha trabalhado com a análise dos fluxos físicos, visto que ela começou a ser inserida no modelo na fase final de desenvolvimento do sistema, verificou-se que no plano de médio prazo trimestral havia uma análise para definir fluxos físicos das atividades. Assim, optou-se por considerar que essa prática, embora não implementada pelos elementos do modelo de planejamento, estava sendo utilizada parcialmente pela empresa.

Quanto à formalização do planejamento de curto prazo, verifica-se que a empresa não conseguiu implementar integralmente essa prática. Isso ocorreu porque, conforme salientado, não estava havendo uma análise que resultasse em decisões para minorar ou eliminar as causas dos problemas principais que estavam interferindo na produção.

Ainda com relação ao planejamento de curto prazo, percebeu-se que os mestres não estavam realizando a programação de tarefas reservas de forma a criar frentes de trabalho alternativas no caso de imprevistos.

No que tange à prática referente à especificação detalhada das tarefas, verificou-se que, excetuando poucas situações observadas nos planos analisados, nas quais determinada tarefa era especificada de maneira inexata, como, por exemplo, "terminar azulejo da fase 1", verificou-se que, em geral, a especificação das tarefas ocorria de forma detalhada e clara.

Diante dessas evidências, a implementação do modelo de planejamento nessa empresa atingiu uma eficácia da implementação de 50 %, sendo de 46,4 % o percentual de adequação dos elementos do modelo.

11.5 Análise do desempenho geral de sistemas de planejamento e controle da produção em empresas de construção

De uma maneira geral, verifica-se que os sistemas de planejamento e controle da produção de empresas de construção podem ser aprimorados a partir da utilização do modelo apresentado no Capítulo 5. Isso pode ser percebido por meio da análise da Figura 11.1.

A Figura 11.1 apresenta um gráfico que correlaciona o PPC médio e o coeficiente de variação de obras que foram submetidas ao desenvolvimento de sistemas de planejamento e controle da produção a partir do modelo. A primeira fase explicitada na figura corresponde

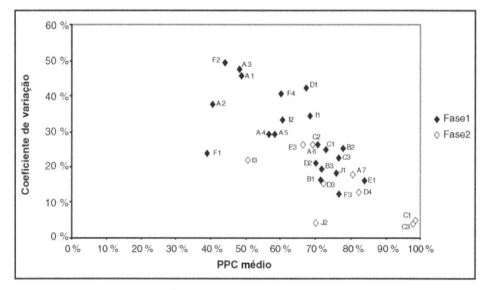

Figura 11.1 Comparação entre o PPC médio e o coeficiente de variação das obras analisadas na fase 1 (durante a implementação) e na fase 2 (após a implementação).

ao período no qual os sistemas de PCP das empresas estavam sendo desenvolvidos e implementados. A segunda refere-se ao período posterior à implementação, no qual os sistemas já estavam consolidados nas empresas analisadas. As obras são identificadas por duas letras. A primeira representa a empresa à qual a obra pertence e a segunda, o número da obra que foi analisada.

Conforme se pode perceber na Figura 11.1, existe uma maior concentração de obras da fase 2, na região direita inferior do gráfico, do que na fase 1. Isso significa que a maioria das obras da fase dois apresentou melhores desempenhos no planejamento, no que tange à redução da variabilidade (menores coeficientes de variação) e à eficácia do plano de curto prazo (maiores PPC médios), quando comparadas àquelas estudadas na primeira fase. O PPC é um indicador de eficácia do plano de curto prazo e foi discutido no Capítulo 2 deste livro. Conforme discutido nesse capítulo, o indicador é calculado por meio da razão das atividades 100 % completadas no plano de curto prazo com as planejadas para o mesmo período. Quanto maior o PPC, mais eficaz está sendo também o sistema de planejamento e controle da produção, pois as decisões são tomadas em prol da melhoria do desempenho global da produção.

De forma a analisar detalhadamente os dados de PPC médio e coeficiente de variação das obras de cada empresa estudada, buscou-se apresentar, na Figura 11.2, um conjunto de gráficos que representam, cada um, uma empresa específica. Na figura é apresentada ainda, em cada gráfico, uma seta que situa as obras da empresa estudada na fase 2 com relação à fase 1. Conforme se pode verificar na análise dessa figura, todas as obras analisadas das Empresas A, C, D e J na segunda fase apresentaram melhores desempenhos do PCP do que as obras estudadas na primeira fase. Isso pode ser explicado porque o PPC médio das obras estudadas aumentou, e seus respectivos coeficientes de variação diminuíram. A eficácia da implementação do modelo pode ser considerada uma das causas principais dessa melhoria. Nessas empresas, a eficácia atingiu patamares iguais ou superiores a 40 %.

No que tange à Empresa I, verifica-se que o PPC médio da obra estudada na segunda fase (I3) foi inferior àqueles obtidos nas obras analisadas na primeira fase da implementação do sistema (I1 e I2). Entretanto, percebe-se que o coeficiente de variação do PPC da obra I3 foi inferior àqueles obtidos nas obras da primeira fase. O mau desempenho da obra I3 pode ser explicado pela baixa eficácia do modelo nessa empresa. A eficácia de implementação atingiu, nesse caso, patamar inferior a 29 %.

Com relação à Empresa J, verifica-se que, embora o PPC médio da obra J2 (segunda fase) tenha sido ligeiramente inferior ao da obra J1 (primeira fase), a empresa conseguiu reduzir significativamente o coeficiente de variação do PPC.

A Empresa E, por sua vez, foi a que apresentou os piores resultados entre as empresas estudadas. Nesse caso, embora a obra E2, estudada na primeira fase, tenha apresentado um PPC médio menor e um coeficiente de variação superior àqueles obtidos na obra E3 (segunda fase), verifica-se que os resultados da obra E2 foram obtidos com o PPC coletado em apenas duas semanas de trabalho, o que torna a análise dessa empresa pouco confiável.

182 Capítulo 11

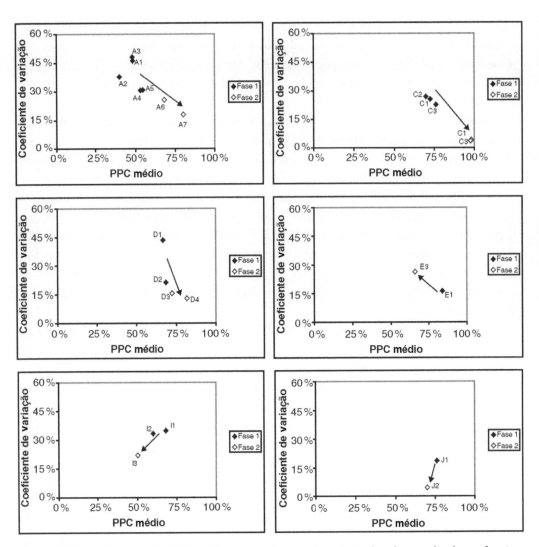

Figura 11.2 Detalhamento do PPC médio e do coeficiente de variação das obras analisadas na fase 1 (durante a implementação) e na fase 2 (após a implementação).

11.6 Resumo do capítulo

Este capítulo apresentou uma sistemática de avaliação de sistemas de planejamento e controle da produção por meio de um conjunto de práticas que podem aprimorar o desempenho da produção de empresas de construção. A partir dessa sistemática, pode-se empreender realizações para que o sistema de planejamento e controle da produção atinja patamares de desempenho cada vez mais elevados. Nesse caso, a tomada de decisão e a realização de ações para corrigir deficiências são extremamente importantes para que sejam alcançadas melhorias de fato.

Trabalho em grupo

Entreviste um engenheiro ou um arquiteto que seja responsável por um empreendimento de construção civil de forma a avaliar as práticas associadas ao planejamento e controle da produção da obra. Ao voltar da entrevista, calcule a eficácia da implementação e indique possíveis ações que podem auxiliar na melhoria da obra, prepare um relatório e o encaminhe para apreciação do seu professor em sala de aula.

Glossário

ANÁLISE DE RESTRIÇÕES – Procedimento de identificação e análise de restrições realizado durante a elaboração dos planos de longo e médio prazos. A análise e a remoção de restrições aumentam as chances de os pacotes de trabalho serem executados no prazo planejado.

ATIVIDADE – Conjunto de operações a serem realizadas por determinada equipe especializada. Também denominada *tarefa*.

CAMINHO CRÍTICO – Sequência de atividades em um diagrama CPM que apresenta o caminho cujas atividades não podem atrasar, visto que o atraso comprometerá o prazo de entrega da obra.

CINCO PORQUÊS – Sistemática de identificação das reais causas dos problemas que provocaram alguma interrupção ou a não execução de determinado pacote de trabalho. A sistemática é aplicada com a realização de perguntas do tipo "Por que aconteceu determinado problema?" Em seguida, aplica-se novamente a pergunta na resposta do primeiro questionamento e assim sucessivamente, até que a causa verdadeira seja explicitada.

CONTROLE – Processo que utiliza um ou mais indicadores, por meio da realização de ações corretivas ou não, para a verificação e a manutenção dos pacotes de trabalho executados conforme planejado.

CPM – *Critical Path Method* (Método do Caminho Crítico). Técnica de preparação de planos segundo a qual o empreendimento é dividido em atividades singulares que são vinculadas por meio de determinada lógica construtiva. A técnica possibilita identificar as datas de início e de término das atividades a serem executadas, bem como indica as atividades que têm folgas nulas ou muito próximas de zero. Essas últimas compõem um caminho no diagrama que é denominado *caminho crítico*.

CRONOGRAMA FÍSICO-FINANCEIRO – Cronograma de barras ou diagrama de Gantt que aloca um valor monetário aos períodos de execução das macroatividades do plano de longo prazo. O valor monetário alocado corresponde ao valor orçado dos serviços que serão executados no período estabelecido no plano de longo prazo.

DFD – Diagrama de Fluxo de Dados. Constitui-se em um tipo de diagrama utilizado no campo da Análise de Sistemas que explicita a forma pela qual as informações fluem entre entidades e processos, bem como a forma como elas são armazenadas.

DICIONÁRIO DE DADOS – Tabela ou quadro utilizado para descrever com mais detalhes as informações existentes no Diagrama de Fluxo de Dados (DFD). Deve apresentar uma descrição pormenorizada da informação, bem como de quem a programação foi recebida e para quem foi enviada.

Glossário **185**

DIMENSÃO HORIZONTAL DO PLANEJAMENTO – A dimensão horizontal do planejamento corresponde às etapas nas quais o processo de planejamento deve ser operacionalizado em cada um dos níveis hierárquicos de planejamento. As etapas mencionadas são: preparação do processo de planejamento, coleta de informações, preparação dos planos, difusão das informações, ação e avaliação do processo de planejamento.

DIMENSÃO VERTICAL DO PLANEJAMENTO – A dimensão vertical pode ser definida como um conjunto de regras e procedimentos pelo qual os níveis de planejamento de longo, médio e curto prazos são vinculados.

EQUIPE DE PRODUÇÃO – Equipe composta por diferentes profissionais para a qual é atribuído determinado pacote de trabalho.

GRÁFICO DE RITMO – Plano cartesiano que apresenta o tempo no eixo x e o percentual físico (ou percentual de despesas orçadas) de cada macroatividade da obra no eixo y.

LEAN CONSTRUCTION – Filosofia de produção fundamentada na adaptação do Novo Paradigma de Gestão da Produção na Construção Civil.

LEAN PRODUCTION – Filosofia de produção cujo foco principal é eliminar qualquer tipo de trabalho que seja considerado desnecessário na produção de determinado bem ou serviço, o qual é denominado, por esse motivo, *perda*. Termo apresentado por Womack, Jones e Ross (1992) no livro *A Máquina que Mudou o Mundo*.

LINHA DE BALANÇO – Técnica de preparação do plano de longo prazo apresentada em forma de um plano cartesiano e utilizada para empreendimentos de caráter repetitivo. Este último apresenta a dimensão tempo no eixo x e as unidades-base (zonas da obras cujas atividades a serem executadas são repetitivas) no eixo y. No encontro das variáveis dispostas nos eixos x e y são descritas a equipe ou equipes de produção que irão trabalhar na zona de trabalho.

LOOKAHEAD PLANNING – Técnica de preparação do plano de médio prazo que pode abranger de três a seis semanas de trabalho. É denominado *lookahead* porque o plano de médio prazo é elaborado semanalmente, com uma semana móvel. Exemplo: para um plano *lookahead* de cinco semanas, o responsável pela sua preparação sempre deve "olhar para a frente" e planejar as próximas cinco semanas de trabalho.

MACROSSERVIÇO – Conjunto de SERVIÇOS a serem realizados na obra. São denominados também PROCESSOS PRODUTIVOS e se constituem na forma pela qual se devem descrever os itens no plano de longo prazo. Também denominado macroatividade.

MASTER PLAN – Pode ser definido como Plano Mestre. Esse plano descreve em linhas gerais como as atividades estão sendo executadas. Em empreendimentos que possuem longo prazo de execução, não pode ser elaborado em um nível de detalhes muito grande por causa do efeito da incerteza. Dependendo da técnica de preparação do plano, este pode assumir as seguintes configurações: rede ou diagrama CPM ou PERT, diagrama ou cronograma de Gantt (cronograma de barras), linha de balanço ou gráfico de ritmo.

MECANISMO *PULL* – Ação ou conjunto de ações realizadas durante o planejamento de longo e médio prazos que possibilitam a disponibilização dos recursos necessários à execução dos pacotes de trabalho em tempo hábil no canteiro de obras. Está relacionado com a reprogramação de tarefas conforme a necessidade e as condições de desenvolvimento do projeto.

MONITORAMENTO – Atividade de verificação realizada ao término da execução de um ou mais pacotes de trabalho, com o intuito de confirmar se tal pacote foi executado conforme planejado ou não.

NORIE – Núcleo Orientado para Inovação da Edificação. Entidade do Programa de Pós-Graduação em Engenharia Civil da Escola de Engenharia da Universidade Federal do Rio Grande do Sul.

OPERAÇÃO – Ação singular de execução de determinado item construtivo. Menor divisão de uma atividade. Exemplo: colocar contramarco.

PACOTE DE TRABALHO – Conjunto de atividades ou tarefas que devem ser atribuídas a determinada equipe de produção.

PCP – Sigla que significa Planejamento e Controle da Produção.

PERT – *Program Evaluation and Review Technique* (Técnica de Avaliação e Revisão de Programas). Técnica de preparação de planos representada por meio de um diagrama de flechas que compõem as conhecidas Técnicas de Rede. É calculada de forma similar ao CPM, porém diferencia-se deste último por agregar análise probabilística na estimativa das durações das atividades.

PLANEJAMENTO DA PRODUÇÃO – Processo gerencial básico na gestão de empreendimentos. Similar ao termo *Planejamento da Construção*.

PLANEJAMENTO DO EMPREENDIMENTO – Planejamento mais abrangente do que o planejamento da produção, pois envolve as etapas de análise de viabilidade do empreendimento e análises financeiras realizadas em um período de pré-construção.

PLANEJAMENTO GRÁFICO – Conjunto de pranchas de projetos que possuem elementos gráficos de forma a explicitar melhor a informação que está presente neles. Em geral, esses elementos são constituídos de locais de descarga e estoque de materiais, bem como de acessos de mão de obra e materiais.

PPC – Percentual do Planejamento Concluído. Calculado pela razão do número de pacotes de trabalho executados integralmente em dado horizonte de curto prazo pelo número total de pacotes de trabalho planejados para o mesmo horizonte.

PPC/S – Percentual do Planejamento Concluído do Subempreiteiro. Calculado pela razão do número de pacotes de trabalho executados integralmente em um dado horizonte de planejamento por determinado subempreiteiro ou empreiteiro pelo número total de pacotes de trabalho planejados para o mesmo horizonte e para o mesmo subempreiteiro ou empreiteiro.

PPO – Projeção de Prazo da Obra. Indica uma tendência, em unidades de tempo, de atraso ou de adiantamento do prazo de entrega da obra.

RELATÓRIO DE CONTROLE – Relatório que reúne gráficos de evolução dos indicadores de planejamento e controle da produção.

RESTRIÇÃO – Toda atividade que, quando não realizada em determinado tempo, pode causar algum tipo de interferência na execução dos pacotes de trabalho. Exemplo: comprar material, detalhar projeto, contratar mão de obra, entre outros.

SEBRAE – Serviço de Apoio às Micro e Pequenas Empresas.

SERVIÇO – Conjunto de atividades a serem realizadas por uma mesma equipe de produção ou por equipes diferentes. Constitui-se em uma divisão do macrosserviço. Exemplo: Estrutura de concreto armado do 3º pavimento. O exemplo envolve as equipes de carpintaria, armadura, instalação elétrica e hidráulica, bem como a equipe de concretagem.

SHIELDING PRODUCTION – Sistemática de planejamento de curto prazo cujo intuito é atribuir às equipes de produção pacotes de trabalho que realmente podem ser executados. Com a realização de ações corretivas sobre problemas que causam interferências ao plano, pode trazer a estabilização da produção.

SISTEMA TOYOTA DE PRODUÇÃO – Sistemática de produção da Toyota que revolucionou a forma de gerir a produção e cuja aplicação tem trazido às diversas empresas maiores ganhos e menores perdas.

TAREFA – O mesmo que *atividade*.

WBS – Significa *Work Breakdown Structure*, "Estrutura de Partição Analítica do Trabalho". Estabelece um tipo de padrão de vinculação entre os MACROSSERVIÇOS, SERVIÇOS, ATIVIDADES e OPERAÇÕES.

ZONA DE TRABALHO – Área na qual determinada equipe de produção irá trabalhar no prazo estipulado nos diversos níveis de planejamento.

ZONEAMENTO – Processo de divisão do espaço físico a ser construído em zonas de trabalho. O tamanho dessas zonas deve ser compatível com o ritmo de execução planejado no planejamento de longo prazo.

Bibliografia Consultada

ACKOFF, R. *Planejamento Empresarial*. Rio de Janeiro: Livros Técnicos e Científicos Editora S.A., 1976. 114p.

ALARCÓN, L. The Importance of Research to Develop Lean Construction. *In*: Seminário Internacional sobre Lean Construction, 2., 1997, São Paulo. *Anais* [...]. São Paulo, 20-21 out., 1997.

ALTER, S. *Information Systems:* A Management Perspective. New York: Addison Wesley, 1996. 848p.

ALVES, T. *Diretrizes para a gestão dos fluxos físicos em canteiros de obras:* proposta baseada em estudo de caso. 2000. Dissertação (Mestrado em Engenharia Civil) – Programa de Pós-Graduação em Engenharia Civil, Universidade Federal do Rio Grande do Sul, Porto Alegre, 2000.

ANTUNES JUNIOR, J. *Em direção a uma teoria geral do processo de administração da produção:* uma discussão sobre a possibilidade de unificação da teoria das restrições e da teoria que sustenta a construção dos sistemas de produção com estoque zero. 1998. Tese (Doutorado em Administração) – Programa de Pós-Graduação em Administração, Universidade Federal do Rio Grande do Sul, Porto Alegre, 1998.

AQUINO, C. *Administração de recursos humanos:* uma introdução. São Paulo: Atlas, 1980.

ASSUMPÇÃO, J. *Gerenciamento de empreendimentos na construção civil:* modelo para planejamento estratégico da produção de edifícios. 1996. Tese (Doutorado em Engenharia de Construção Civil) – Escola Politécnica, Universidade de São Paulo, São Paulo, 1996.

AUDI, J. *Análise das metodologias de análise e projeto para desenvolvimento e implantação de sistemas MRP II*. 1991. Dissertação (Mestrado em Administração) - Programa de Pós-Graduação em Administração, Universidade Federal do Rio Grande do Sul, Porto Alegre, 1991.

BALLARD, G. Lookahead Planning: The Missing Link in Production Control. *In*: & Tucker, S. N., 5th Annual Conference of the International Group for Lean Construction, 1997, Gold Coast, Austrália. *Proceedings* [...]. Golden Coast, 16-17 jul. 1997. p. 13-26 IGLC, 1997.

BALLARD, G. Improving Work Flow Reliability. *In*: 7th Annual Conference of the International Group for Lean Construction, 1999, Berkeley, CA. *Proceedings* [...]. Berkely: University of California, 1999. p. 275-286.

BALLARD, G. *The Last Planner System of Production Control*. 2000. Tese (Doutorado em Engenharia Civil) – School of Civil Engineering, Faculty of Engineering, University of Birmingham, Birmingham, 2000.

BALLARD, G.; HOWELL, G. PARC: A Case Study. *In*: 4th Annual Conference on the International Group for Lean Construction, 1996a, Birmingham. *Proceedings* [...]. Birmingham, 26-27 ago, 1996a.

BALLARD, G.; HOWELL, G. Shielding Production from Uncertainty: First Step in an Improvement Strategy. Encontro Nacional de Profesionales de Project Management. 1996b, Santiago. *Proceedings* [...]. Santiago, 1996b.

BALLARD, G.; HOWELL, G. *Shielding Production:* An Essential Step in Production Control. Technical Report No. 97-1, Construction Engineering and Management Program, Department of Civil and Environmental Engineering, University of California, 1997a.

BALLARD, G.; HOWELL, G. Implementing Lean Construction: Improving Downstream Performance. *In*: Alarcón, L. (ed.). *Lean Construction*. Rotterdam: A.A. Balkema, 1997b. p. 111-125.

BARKI, H.; HARTWICK, J. Measuring User Participation, User Involvement, and User Attitude. *MIS Quarterly*, p. 59-79, mar., 1994.

BARNEY, J.; WRIGHT, P. On Becoming a Strategic Partner: The Role of Human Resources in Gaining Competitive Advantage. *Human Resource Management*, v. 37, n. 1, p. 31-46, 1998.

BAROUDI, J.; OLSON, M.; IVES, B. An Empirical Study of the Impact of User Involvement on System Usage and Information Satisfaction. *Communications of the ACM*, v. 29, n. 3, v. 29, n. 3, p. 232-238, mar., 1986.

BARROS NETO, J.; FENSTERSEIFER, J. *O conteúdo da estratégia de produção*: as categorias de decisão da função produção e a construção de edificações. *In*: Encontro Nacional da Associação Nacional de Pós-Graduação em Administração,1998, Foz do Iguaçu-PR. *Anais* [...]. Foz do Iguaçu, PR, 22 set. 1998.

BARTEZZAGHI, E. The Evolution of Production Models: Is a New Paradigm Emerging? *International Journal of Operations & Production Management*, v. 19, n.2, p. 229-250, 1999.

BARTON, P. *Information Systems in Construction Management:* Principles and Applications. London: B.T. Batsford LTD, 1985.

BEER, M.; EISENSTAT, R.; SPECTOR, B. Why Change Programs Don't Produce Change. *Harvard Business Review*, pp. 158-166, nov-dec, 1990.

BERNARDES, M. *Método de análise do processo de planejamento da produção de empresas construtoras através do estudo de seu fluxo de informação:* proposta baseada em estudo de caso. 1996. Dissertação (Mestrado em Engenharia Civil) – Curso de Pós-Graduação em Engenharia Civil, Universidade Federal do Rio Grande do Sul, Porto Alegre, 1996.

BERNARDES, M. *Desenvolvimento de um modelo de planejamento e controle da produção para micro e pequenas empresas de construção*. 2001. Tese (Doutorado em Engenharia Civil) – Programa de Pós-Graduação em Engenharia Civil, Universidade Federal do Rio Grande do Sul, Porto Alegre, 2001.

BERTALANFFY, L. *Teoria geral dos sistemas*. Petrópolis: Vozes. 1977.

BIO, S. *Sistemas de Informação:* um enfoque gerencial. São Paulo: Atlas, 1988.

BIRREL, G. Construction Planning Beyond the Critical Path. *Journal of the Construction Division*, New York, ASCE, v. 106, v. 1, n.3, set., p. 389-407, 1980.

BOGGIO, A. Um modelo de documentação da qualidade para a construção civil. In: FORMOSO, C. (ed.). *Gestão da qualidade na construção civil*. Porto Alegre: Programa da Qualidade e Produtividade da Construção Civil no Rio Grande do Sul, 1995. p. 127-147.

BONIN, L. *A abordagem sistêmica da produção de edificações*. 1978. Dissertação (Mestrado em Engenharia Civil) – Curso de Pós-Graduação em Engenharia Civil da Universidade Federal do Rio Grande do Sul, Porto Alegre, 1987.

BURCH, J.; STRATER, F. *Information systems:* theory and practice. United States: Wiley/Hamilton Publication, 1974.

190 Bibliografia Consultada

BYERS, R.; BLUME, D. Tying Critical Success Factors to Systems Development. *Information & Management*, v. 26, p. 51-61, 1994.

CAMPBELL, B. *Understanding Information Systems:* Foundations for Control. Cambridge: Winthrop Publishers, Inc., 1977.

CARVALHO, M. *Método de intervenção no processo de programação de recursos de empresas construtoras de pequeno porte através do seu sistema de informação:* proposta baseada em estudo de caso. 1998. Dissertação (Mestrado em Engenharia Civil) – Curso de Pós-Graduação em Engenharia Civil, Universidade Federal do Rio Grande do Sul, Porto Alegre, 1998.

CAVAYE, A. User Participation in System Development Revisited. *Information & Management*, v. 28, p. 311-323, 1995.

CHIAVENATO, I. *Gerenciando pessoas:* o passo decisivo para a administração participativa. São Paulo: Makron Books, 1994.

CHIESA, V.; COUGHLAN, P.; VOSS, C. Development of a Technical Innovation Audit. *Journal of Product Innovation Management*, Nova York: Elsevier Science Inc., v. 13, p. 105-106, maio-jun., 1996.

CHOO, H.; TOMMELEIN, I.; BALLARD, G. WorkPlan: Constraint-Based Database for Work Package Scheduling. *Journal of Construction Engineering and Management*, v.125, n.3, v. 125, n.3, p. 151-160, maio-jun., 1999.

CHURCHMAN, C. *The Systems Approach*. New York: Dell Publishing Co., 1968.

CLEMONS, E. Information Systems for Sustainable Competitive Advantage. *Information and Management*, v. 11, p. 131-136, 1986.

COHENCA, D.; LAUFER, A.; LEDBETTER, F. Factors Affecting Construction Planning Efforts. *Journal of Construction Engineering and Management*, v. 115, p. 70-89, mar., 1999.

DANIELS, A.; YEATES, D. *Basic Training in Systems Analysis*. Great Britain: Pitman Press, 1971.

DAVIS, G.; OLSON, M. *Sistemas de Informacion Gerencial*. Colómbia: McGraw-Hill Latinoamericana S.A., 1987.

DAVIS, W. *Análise e projeto de sistemas:* uma abordagem estruturada. Rio de Janeiro: LTC – Livros Técnicos e Científicos Editora S.A., 1987.

DOLL, W.; TORKZADEH, G. A Discrepancy Model of End-User Computing Involvement. *Management Science*, v. 35, n. 10, p. 1151-1171, out., 1999.

FLEURY, A.; FLEURY, M. *Estratégias empresariais e formação de competências:* um quebra-cabeça caleidoscópico da indústria brasileira.. São Paulo: Atlas, 2000.

FORMOSO, C. *A Knowledge Based Framework for Planning House Building Projects*. 1991. Tese (Doutorado em Quantity and Building Surveying) - Department of Quantity and Building Surveying, University of Salford, Salford, 1991.

FORMOSO, C.; BERNARDES, M.; OLIVEIRA, L.; OLIVEIRA, K. *Termo de referência para o planejamento e controla da produção em empresas construtoras*. Programa de Pós-Graduação em Engenharia Civil (PPGEC), Universidade Federal do Rio Grande do Sul, Porto Alegre, 1999.

FORMOSO, C. *The New Operations Management Paradigm*. White Paper. Berkeley: University of California, 2000.

FRUET, G.; FORMOSO, C. Diagnóstico das dificuldades enfrentadas por gerentes técnicos de empresas de construção civil de pequeno porte. *In*: Seminário Qualidade na Construção Civil, 2, 8-9 jun, 1993, Porto Alegre. *Anais* [...], Porto Alegre: Curso de Pós-Graduação em Engenharia Civil, Universidade Federal do Rio Grande do Sul, 1993.

FURLAN, J. *Como elaborar e implementar o planejamento estratégico de sistemas de informação*. São Paulo: Makron Books do Brasil Editora Ltda, 1991.

GALSWORTH, G. *Visual Systems. Harnessing the Power of a Visual Workplace.* United States: Amacon, 1997.

GHINATO, P. *Sistema Toyota de Produção, mais do que simplesmente just-intime.* Caxias do Sul: EDUCS, 1996.

GINZBERG, M. A Study of the Implementation Process. *In:* TIMS Studies in the Management Sciences. North-Holland Publishing Company, v. 13, 1979. p. 85-102.

GINZBERG, M. Early Diagnosis of MIS Implementation Failure: Promising Results and Unanswered Questions. *Management Science*, v. 27, n. 4, p. 459-478, abr., 1981.

GOLDRATT, E.; COX, J. *A meta.* São Paulo: Claudiney Fullmann, 1993.

GREIF, M. *The Visual Factory. Building Participation Through Shared Information.* USA: Productivity Press, 1991.

HARTWICK, J.; BARKI, H. Explaining the Role of User Participation in Information System Use. *Management Science*, v. 40, n. 4, p. 440-465, abr., 1994.

HEINECK, L. Modelos para o planejamento de obras. *In: Encontro de Pesquisa Operacional no Rio Grande do Sul*, 1984, Santa Maria, RS. Anais [...]. Santa Maria: Imprensa Universitária, 1984. p. 239-252.

HOPP, W.; SPEARMAN, M. *Factory Physics. Foundations of Manufacturing Management.* United States: Irwin McGraw-Hill, 1996.

HOWELL, G. What Is Lean Construction – 1999. *In:* 7th Annual Conference of the International Group for Lean Construction, 7, 26-28 jul., Berkeley, CA. *Proceedings* [...]. Berkeley, University of California, 1999.

HOWELL, G.; BALLARD, G. Can Project Controls Do Its Job? *In:* 4th Annual Conference on the International Group for Lean Construction, 4, Birmingham, UK, 26-27 ago., 1996, Birmingham. *Proceedings* [...]. Birmingham, UK, 1996.

HUNTON, J.; BEELER, J. Effects of User Participation in Systems Development: A Longitudinal Field Experiment. *MIS Quarterly*, p. 359-388, dez., 1997.

HWANG, M.; THORN, R. The Effect of User Engagement on System Success: A Meta-Analytical Integration of Research Findings. *Information & Management*, v. 35, pp. 229-236, 1999.

ISATTO, E. *et al. Lean Construction:* diretrizes e ferramentas para o controle de perdas na construção civil. Porto Alegre: SEBRAE-RS, 2000.

IVES, B.; OLSON, M. User Involvement and MIS Success: A Review of Research. *Management Science*, v. 30, n. 5, p. 586-603, maio, 1984.

IVES, B.; OLSON, M.; BAROUDI, J. The Measurement of User Information Satisfaction. *Communications of the ACM*, v. 26, n. 10, p. 785-793, out, 1983.

JOSHI, K. A Model of User's Perspective on Change: The Case of Information Systems Technology Implementation. *MIS Quarterly*, p. 229-242, jun., 1991.

KANTER, R. *Managing Change – The Human Dimension*, Goodmeasure, Inc., 1984.

KARTAN, S.; IBBS, C.; BALLARD, G. Reengineering Construction Planning. *Project Management Journal*, v. 26, n. 2, p. 27-37, 1995.

KENDALL, K.; KENDALL, J. *Análisis y Diseño de Sistemas.* México: Prentice-Hall Hispanoamericana S.A., 1991.

KOSKELA, L. *Application of the New Production Philosophy to Construction.* Technical Report, Finland: CIFE, 1992.

KOSKELA, L. *An Exploration Towards a Production Theory and Its Application to Construction.* Espoo 2000. Technical Research Centre of Finland, VTT Publications 408, 2000. 296 p.

KOTTER, J. What Effective General Managers Really Do. *Harvard Business Review*, v. 60, n. 6, pp. 156-167, 1982.

192 Bibliografia Consultada

LANTELME, E. *Implementação de sistemas de medição de desempenho nas empresas do setor da construção: processo cognitivo e desenvolvimento de competências gerenciais.* 2001. Projeto de Qualificação de Doutorado. Programa de Pós-Graduação em Engenharia Civil, Universidade Federal do Rio Grande do Sul, Porto Alegre, 2001.

LANTELME, E.; OLIVEIRA, M.; FORMOSO, C. Análise da Implantação de Indicadores de Qualidade e Produtividade na Construção Civil. In: Encontro Nacional de Tecnologia do Ambiente Construído, 20-22 Nov, 1995. Rio de Janeiro: Associação Nacional de Tecnologia do Ambiente Construído. *Anais...*

LAUDON, K.; LAUDON, J. *Management Information Systems:* Organization and Technology in the Networked Enterprise. Prentice-Hall: New Jersey, 2000.

LAUFER, A. Essentials of Project Planning: Owner's Perspective. *Journal of Management in Engineering*, New York, ASCE, v. 6, n. 2, abr., p. 162-176, 1990.

LAUFER, A. A Microview of the Project Planning Process. *Construction Management and Economics*, v. 10, pp. 31-43, 1992.

LAUFER, A. *Simultaneous Management*. United States: AMACOM, 1997.

LAUFER, A.; HOWELL, G. Construction Planning: Revising the Paradigm. *Project Management Journal*, London, v. 24, n. 3, p. 23-33, set., 1993.

LAUFER, A.; HOWELL, G.; YEHIEL, R. Three Modes of Short-term Construction Planning. *Construction Management and Economics*, v. 10, p. 249-262, 1992.

LAUFER, A.; TUCKER, R. L. Is Construction Planning Really Doing Its Job? A Critical Examination of Focus, Role and Process. *Construction Management and Economics*, London, United States, n. 5, p. 243-266, 1987.

LAUFER, A.; TUCKER, R. L. Competence and Timing Dilemma in Construction Planning. *Construction Management and Economics*, London, n. 6, p. 339-355, 1988.

LAUFER, A.; TUCKER, R.; SHAPIRA, A.; SHENNAR, A. The Multiplicity Concept in Construction Project Planning. *Construction Management and Economics*, London, n. 1, p. 53-65, 1994.

LEVITT, R. *et al*. Artificial Intelligence Techniques for Generating Construction Project Plans. *Journal of Construction Engineering and Management*, New York, ASCE, v. 114, n. 3, pp. 329-343, 1988.

LIMMER, C. *Planejamento, orçamentação e controle de projetos e obras*. Rio de Janeiro: Livros Técnicos e Científicos Editora S.A., 1997.

LIRA, J. *Dianostico, Evaluación y Mejoramiento de Procesos de Planificación de Proyectos en la Construcción*. 1996. Dissertação (Mestrado em Engenharia) – Escuela de Ingeniería, Pontificia Universidad Católica de Chile, Santiago do Chile, 1996.

LOTT, R. *Basic Systems Analysis*. San Francisco: Canfield Press, 1971.

LYYTINEN, K. Expectation Failure Concept and Systems Analysts' View of Information System Failures: Results on an Exploratory Study. *Information & Management*, v. 14, p. 45-56, 1988.

MARTIN, J.; MCCLURE, C. *Técnicas Estruturadas e CASE*. São Paulo: Makron, McGraw-Hill, 1991. 854 p.

MAXIMIANO, A. *Teoria Geral da Administração:* da Escola Científica à Competitividade na Economia Globalizada. São Paulo: Atlas, 2000.

MAYFIELD, J.; MAYFIELD, M.; KOPF, J. The Effects of Leader Motivating Language on Subordinate Performance and Satisfaction. *Human Resource Management*, v. 37, n. 3 e 4, p. 235-248, Fall/Winter 1998.

MAZIERO, L. *Aplicação do Método da Linha de Balanço no Planejamento de Obras Repetitivas:* um levantamento das decisões fundamentais para sua aplicação. Florianópolis: Universidade Federal de Santa Catarina, 1990. Dissertação (Mestrado em Engenharia de Produção),

Programa de Pós-Graduação em Engenharia de Produção, Universidade Federal de Santa Catarina, Florianópolis, 1990.

McKeen, J.; Guimaraes, T.; Wetherbe, J. The Relationship Between User Participation and User Satisfaction: An Investigation of Four Contingency Factors. *MIS Quarterly*, p. 427-451, dez., 1994.

Mintzberg, H. *The Nature of Managerial Work*. New York: Harper and Row, 1973.

Miyatake, Y.; Kangari, R. Experiencing Computer Integrated Construction. *Journal of Construction Engineering and Management*, v. 119, n. 2, jun., 1993. p. 307-322.

Nelson, R.; Whitner, E.; Philcox, H. The Assessment of End-user Training Needs. *Communication of the ACM*. v. 38, n. 7, jul., 1995, p. 27-39.

Oglesby, C.; Parker, H.; Howell, G. *Productivity Improvement in Construction*. United States: McGraw-Hill Inc., 1989.

Oliveira, D. *Sistemas de informações gerenciais:* estratégicos, táticos, operacionais. São Paulo: Atlas, 1992.

Oliveira, K. *Desenvolvimento e implementação de um sistema de indicadores no processo de planejamento e controle da produção: proposta baseada em estudo de caso.* 1999. Dissertação (Mestrado em Engenharia Civil), Programa de Pós-Graduação em Engenharia Civil, Universidade Federal do Rio Grande do Sul, Porto Alegre, 1999.

Parry, S. The Quest for Competencies. *Training*, p. 48-56, jul., 1996.

Picchi, F. *Sistemas de qualidade:* uso em empresas de construção. 1993. Tese (Doutorado em engenharia Civil), Escola Politécnica da Universidade de São Paulo, São Paulo, 1993.

Pires, S. *Gestão estratégica da produção*. Piracicaba: Editora Unimep, 1995. 269p.

Richardson, P.; Denton, D. Communicating Change. *Human Resource Management*, v. 35, n. 2, p. 203-216, 1996.

Robey, D.; Farrow, D. User Involvement in Information System Development: A Conflict Model and Empirical Test. *Management Science*, v. 28, n. 1, p. 7385, jan., 1982.

Santos, A. *Application of Production Management Flow Principles in Construction Sites*. Salford: University of Salford, 1999. Tese de Doutorado.

Santos, A.; Isatto, E.; Formoso, C. Método de Intervenção em Canteiros de Edifícios. In: Seminário Internacional sobre *Lean Construction*, 2, 20-21 out., 1997, São Paulo. *Anais* [...]. São Paulo: Instituto de Engenharia de São Paulo/Logical Systems, 1997.

Sanvido, V.; Paulson, B. Site-Level Construction Information System. *Journal of Construction Engineering and Management*, v.118, n.4, p. 701-715, dez., 1992.

Saurin, T. *Método para diagnóstico e diretrizes para planejamento de canteiro de obra de edificações.* 1997. Dissertação (Mestrado em Engenharia Civil). Curso de Pós-Graduação em Engenharia Civil, Universidade Federal do Rio Grande do Sul, Porto Alegre, 1997.

Senge, P. et al. *A Dança das Mudanças*. Rio de Janeiro: Campus, 1999.

Serpell, A.; Alarcón, L.; Ghio, V. A General Framework for Improvement of Construction Process. *In*: Annual Conference of the International Group for Lean Construction, 4, 1996. *Proceedings* [...]. Birmingham, 1996.

Shapira, A.; Laufer, A. Evolution of Involvement and Effort in Construction Planning throughout Project Life. *International Journal of Project Management*, New York, ASCE, v. 11, n. 3, ago., 1993.

Shingo, S. *Sistemas de produção com estoque zero:* o sistema shingo para melhorias contínuas. Porto Alegre: Artes Médicas, 1996.

Sink, S.; Tuttle, T. *Planejamento e medição para a performance*. Rio de Janeiro: Qualitymark Ed., 1993.

194 Bibliografia Consultada

SLACK, N.; CHAMBERS, S.; HARLAND, C.; HARRISON, A.; JOHNSTON, R. *Administração da Produção*. São Paulo: Atlas, 1997.

SPENCE, J.; TSAI, R. On Human Cognition and the Design of Information Systems. *Information & Management*, v. 32, p. 65-73, 1997.

SYAL, M. G.; GROBLER, F.; WILLENBROCK, J.; PARFITT, M. K. Construction Project Planning Model for Small-Medium Builders. *Journal of Construction Engineering and Management*, New York, ASCE, v. 118, n. 4, dez., p. 651666, 1992.

SZAJNA, B.; SCAMELL, R. The Effects of Information System User Expectations on Their Performance and Perceptions. *MIS Quarterly*, p. 493-516, dez., 1993.

THIOLLENT, M. *Metodologia da Pesquisa de Ação*. São Paulo: Cortez, 1998.

TOMMELEIN, I. Pull-Driven Scheduling for Pipe-Spool Installation: Simulation of Lean Construction Technique. *Journal of Construction Engineering and Management*, v. 124, n. 4, p. 279-288, jul.-ago, 1998.

TOMMELEIN, I.; BALLARD, G. Look-Ahead Planning: Screening and Pulling. *In*: Seminário Internacional sobre *Lean Construction*, 2, 20-21 1997, São Paulo. *Anais* [...]. São Paulo, 20-21 out., 1997.

TOMMELEIN, I.; CARR, R.; ODEH, A. Assembly of Simulation Networks using Designs, Plans, and Methods. *Journal of Construction Engineering and Management*, v. 120, n. 4, p. 796-815, 1994.

TRIGUNARSYAH, B.; ABIDIN, I. Influence of Construction Planning in Increasing the Value Added of the Construction Sector. *In*: International Conference on Construction Process Reengineering, 1997, Austrália. *Proceedings* [...]. Austrália, 1997.

TURNER, R. *The Handbook of Project-Based Management*. England: McGraw-Hill Book Company Europe, 1993.

WETHERBE, J. *Análise de sistemas para sistemas de informação por computador*. Rio de Janeiro: Campus, 1987.

WIEDENBECK, S.; ZILA, P.; MCCONNELL, D. End-User Training: An Empirical Study Comparing On-Line Practice Methods. *In*: Human Factors in Computing Systems. Conference on Human Factors in Computing Systems, 1995, Denver, Colorado-USA. *Proceedings* [...], Devner, Colorado-USA, 1995. p. 74-81

WOMACK, J.; JONES, D.; ROOS, D. *A máquina que mudou o mundo*. Rio de Janeiro: Campus, 1992. 347p.

WOOD, B. *Information Systems Development*: Methods & Methodologies. Salford: University of Salford, Department of Computer Science, 1994.

YOURDON, E. *Análise estruturada moderna*. Rio de Janeiro: Campus, 1992. 836 p.

Anexo 1
SISTEMA DE INDICADORES DE PLANEJAMENTO E CONTROLE DA PRODUÇÃO (OLIVEIRA, 1999)

A – Projeção de Prazo da Obra – PPO
B – Índice de Desvio de Ritmo – DR
C – Percentual de Solicitações Irregulares de Material – PSIM
D – Percentual de Entregas Irregulares de Material – PMAT
E – Percentual do Planejamento Concluído – PPC
F – Percentual de Atividades Iniciadas no Prazo – PAP
G – Percentual de Atividades Completadas na Duração Prevista – PDP

A. PROJEÇÃO DE PRAZO DA OBRA – PPO

OBJETIVO

Entre os objetivos do processo de planejamento, a mensuração do tempo constitui-se em um fator de relevância para o sucesso do empreendimento. Esse indicador visa à realização de uma projeção do atraso da obra baseada no atraso e nos ritmos atuais.

ROTEIRO PARA O CÁLCULO

FÓRMULA $\quad PA = (\Sigma d_{at} D_t - \Sigma d_{ad} D_t) / \Sigma D_t$

VARIÁVEIS	CRITÉRIOS
Número de dias atrasados de uma atividade (d_{at})	Tempo medido no gráfico de ritmo entre a data da atividade planejada e a data da atividade em atraso.
Número de dias antecipados de uma atividade (d_{ad})	Tempo medido no gráfico de ritmo entre a data da atividade planejada e a data da atividade antecipada.
Duração total de uma atividade (D_t)	Tempo total de duração de uma atividade.

PERIODICIDADE $\quad$ Quinzenal

B. ÍNDICE DE DESVIO DE RITMO – DR

OBJETIVO

Os gráficos de ritmo possibilitam uma visualização da taxa de desenvolvimento das atividades em execução no canteiro de obras. Objetiva-se, com esse indicador, identificar possíveis atrasos das atividades em razão da queda de ritmo.

ROTEIRO PARA O CÁLCULO

FÓRMULA $DR = (P_{ex}/P_{pl})$

VARIÁVEIS	CRITÉRIOS
Percentual executado de uma atividade (P_{ex})	Medir no gráfico de ritmo a percentagem (%) da atividade executada no prazo correspondente.
Percentual planejado de uma atividade (P_{pl})	Medir no gráfico de ritmo a percentagem (%) da atividade planejada no prazo correspondente.

PERIODICIDADE   Quinzenal

C. PERCENTUAL DE SOLICITAÇÕES IRREGULARES DE MATERIAL – PSIM

OBJETIVO

A existência de solicitações irregulares de material pode indicar deficiência no sistema de programação e alocação de recursos da empresa. Essas solicitações podem ser de dois tipos: solicitações emergenciais de materiais e/ou solicitações de material fora do prazo. Esse indicador tem por objetivo identificar o percentual de lotes irregulares de material solicitados em relação ao número total de solicitações.

ROTEIRO PARA O CÁLCULO

FÓRMULA $PSIM (S_i/S_{tot}) \times 100$

VARIÁVEIS	CRITÉRIOS
Número de lotes solicitados irregularmente (S_i)	Quantidade de lotes solicitados fora do período regular estabelecido e/ou lotes solicitados com prazo de entrega menor do que aquele especificado pelo departamento de compras.
Número total de lotes solicitados (S_{tot})	Quantidade total de lotes solicitados no período. Por lote entende-se o conjunto de materiais semelhantes adquiridos em uma mesma operação.

PERIODICIDADE   Quinzenal

CATEGORIA DE MATERIAIS*

1 Aços, arames e telas
2 Adesivos, colas e aditivos
3 Areia e brita
4 Azulejos e cerâmicas de forro
5 Carpete, piso vinílico, piso de fórmica
6 Cimento, cal e argamassa pronta
7 Esquadrias
8 Louças sanitárias
9 Tintas
10 Material elétrico e telefônico
11 Metais (torneiras, registros)
12 Parafusos e pregos
13 Pedras para fundação
14 Placas para revestimentos
15 Pisos de madeira
16 Pré-moldados
17 Telhas e acessórios
18 Tijolos e blocos
19 Material hidráulico
20 Outro

IDENTIFICAÇÃO DAS CAUSAS DAS SOLICITAÇÕES IRREGULARES*

A Erro de estoque
B Erro de programação
C Falta de local de armazenamento
D Perda
E Outro

D. PERCENTUAL DE ENTREGAS IRREGULARES DE MATERIAL – PMAT

OBJETIVO

Entre os aspectos mais críticos da função suprimentos encontram-se as entregas de material fora do prazo planejado e em quantidade e especificação inadequadas. A falta de material pode ocasionar atrasos e perda de produtividade na obra. Esse indicador tem como objetivo verificar o percentual de lotes de materiais entregues irregularmente em relação ao número total de lotes entregues.

ROTEIRO PARA O CÁLCULO

FÓRMULA $\quad PMAT = (E_i / E_t) \times 100$

VARIÁVEIS	CRITÉRIOS
Número de lotes de material entregues irregularmente (E_i)	Quantidade de lotes de material entregues num período superior ao planejado, em quantidade e/ou especificação inadequadas.
Número total de lotes de material entregues no período (E_t)	Quantidade total de lotes de material entregues no período. Por lote entende-se o conjunto de materiais semelhantes adquiridos em uma mesma operação.

PERIODICIDADE $\quad$ Quinzenal

---

* A categoria de materiais e a identificação das causas das solicitações irregulares de material são legendas que podem ser utilizadas pelo funcionário responsável pelo setor de suprimentos da empresa, durante o registro das solicitações irregulares. Assim, o funcionário citado pode preparar uma planilha de coleta de dados que venha a facilitar seu trabalho futuro e que facilite a rastreabilidade e a análise dos problemas.

CATEGORIA DE MATERIAIS*

1 Aços, arames e telas
2 Adesivos, colas e aditivos
3 Areia e brita
4 Azulejos e cerâmicas
5 Carpete, piso vinílico, piso de fórmica
6 Cimento, cal e argamassa pronta
7 Esquadrias
8 Louças sanitárias
9 Tintas
10 Material elétrico e telefônico

11 Metais (torneiras, registros)
12 Parafusos e pregos
13 Pedras para fundação
14 Placas para revestimentos de forro
15 Pisos de madeira
16 Pré-moldados
17 Telhas e acessórios
18 Tijolos e blocos
19 Material hidráulico
20 Outro

IDENTIFICAÇÃO DAS CAUSAS DE ENTREGAS IRREGULARES DE MATERIAL*

F Falta de material
G Erro de programação do fornecedor

H Ordem de compra incompleta
I Outro

E. PERCENTUAL DO PLANEJAMENTO CONCLUÍDO – PPC

OBJETIVO

Quando a empresa está realizando o planejamento semanal, é importante identificar a eficácia do plano estabelecido. Esse indicador tem por objetivo o cálculo do percentual de tarefas executadas em relação ao total de tarefas relacionadas na programação semanal.

ROTEIRO PARA O CÁLCULO

FÓRMULA $PPC = (T_{cp} / T_{tot}) \times 100$

VARIÁVEIS	CRITÉRIOS
Número de tarefas completadas (T_{cp})	Quantidade de tarefas executadas presentes no plano semanal.
Número total de tarefas planejadas (T_{tot})	Quantidade total de tarefas contidas no plano semanal.

PERIODICIDADE   Semanal

---

* Da mesma maneira que o indicador anterior, a categoria de materiais e a identificação das causas servem para auxiliar o almoxarife ou o mestre de obras no registro de dados sobre as entregas irregulares de material.

F.   PERCENTUAL DE ATIVIDADES INICIADAS NO PRAZO – PAP

OBJETIVO

A eficácia do planejamento tático de médio prazo pode ser monitorada por meio da verificação da correspondência entre o início das atividades planejadas no médio prazo e as tarefas programadas no planejamento de curto prazo. Esse indicador tem por objetivo apontar o percentual de atividades que tiveram início no prazo planejado em relação ao número total de atividades.

ROTEIRO PARA O CÁLCULO

FÓRMULA $PAP = (A_{ip}/A_{tot}) \times 100$

VARIÁVEIS	CRITÉRIOS
Número de atividades iniciadas no prazo (A_{ip})	Quantidade de atividades programadas a médio prazo que foram incluídas no planejamento de curto prazo dentro do período previsto.
Número total de atividades (A_{tot})	Quantidade total de atividades programadas a médio prazo para o período.

PERIODICIDADE   Semanal

G.   PERCENTUAL DE ATIVIDADES COMPLETADAS NA DURAÇÃO PREVISTA – PDP

OBJETIVO

A eficácia do planejamento tático de médio prazo pode ser avaliada pelo grau de acerto na previsão da duração das atividades programadas. Esse indicador tem por objetivo apontar o percentual de atividades completadas na duração prevista em relação ao número total de atividades planejadas no período.

ROTEIRO PARA O CÁLCULO

FÓRMULA $PDP = (A_{cdp}/A_{tot}) \times 100$

VARIÁVEIS	CRITÉRIOS
Número de atividades completadas na duração prevista (A_{cdp})	Quantidade de atividades programadas a médio prazo cumpridas na duração prevista.
Número total de atividades planejadas no período (A_{tot})	Quantidade total de atividades programadas a médio prazo para o período.

PERIODICIDADE   Mensal

Anexo 2
EXEMPLO DE RELATÓRIO DE CONTROLE*

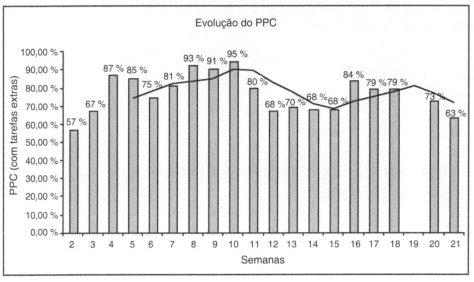

---

* Os nomes dos subempreiteiros presentes neste exemplo de relatório foram alterados de modo a preservá-los de futuras inferências.

Exemplo de Relatório de Controle 201

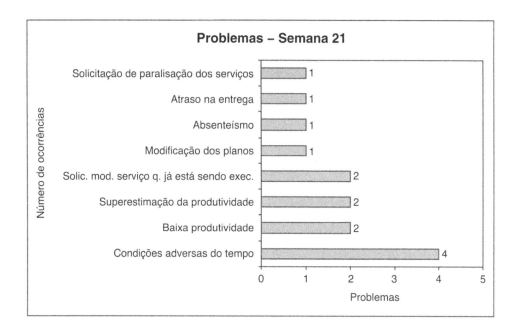

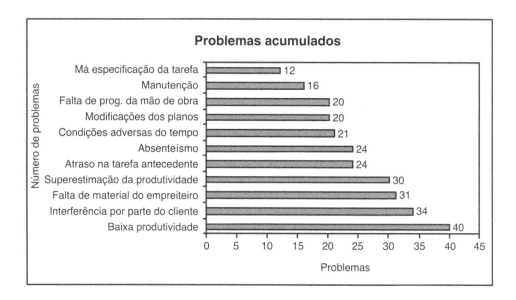

PPC da semana do subempreiteiro

Empreiteiro	Planejado	Exec. 100 %	PPC (%)	Principais problemas (%)
OZZ	2	2	100 %	
Cobertura	9	8	89 %	Baixa produtividade (100)
BBB	42	34	81 %	Condições adversas do tempo (38), solicitação da modificação de serviço que já está sendo executado (25), solicitação da paralisação do serviço (12,5), superestimação da produtividade (12,5), atraso na entrega (12,5)
Signo	9	6	67 %	Absenteísmo (33), superestimação da produtividade (33), baixa produtividade (33)
Acústica	2	1	50 %	Modificações dos planos (100)
Girassol	1	0	0 %	Condições adversas do tempo (100)
	65	51		

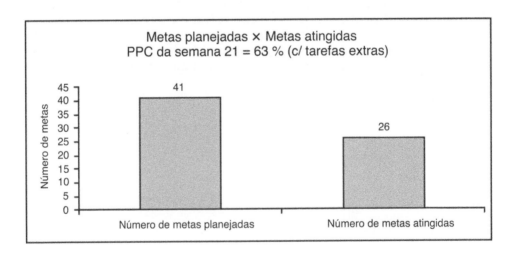

Exemplo de Relatório de Controle 203

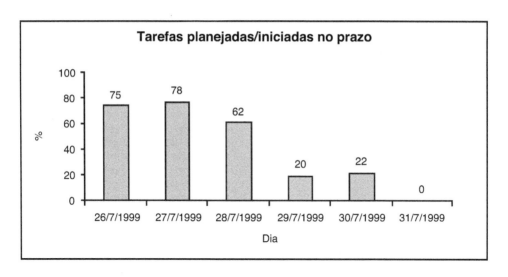

Tarefas planejadas/iniciadas no prazo

PPC do subempreiteiro acumulado

Empreiteiro	Planejado	Exec. 100 %	PPC (%)	Principais problemas (%)
Ispernor	2	2	100	
Monlac	6	6	100	
Jason	2	2	100	
Vidros	2	2	100	
Acústica	15	14	93	Modificações dos planos (100)
Prata	7	6	86	Falta de programação da mão de obra (100)
Paviment	8	7	86	Falta de materiais do empreiteiro (100)
Esquadrias	7	6	86	Atraso na entrega (100)
Gesso	30	25	83	Superestimação da produtividade (40), baixa produtividade (20), modificação dos planos (20), condições adversas do tempo (20)
OZZ	24	20	83	Falta de materiais do empreiteiro (67), condições adversas do tempo (33)
Arquitec	25	20	80	Manutenção (40), baixa produtividade (40), falta de materiais do empreiteiro (20)
Elétrica	37	29	78	Pré-requisito do plano não foi cumprido (50), modificação dos planos (25), falta de programação de materiais (0,125), interferência por parte do cliente (0,125)

continua

204 Anexo 2

PPC do subempreiteiro acumulado (*continuação*)

Empreiteiro	Planejado	Exec. 100 %	PPC (%)	Principais problemas (%)
BBB	393	306	78	Interferência por parte do cliente (17), falta de programação da mão de obra (13), modificação dos planos (13), modificação da equipe (5), condições adversas do tempo (9), manutenção (15), falta de programação de materiais (3), superestimação da produtividade (13), baixa produtividade (0,5), má especificação da tarefa (0,5), programa não previsto na execução (0,5), atraso na tarefa antecedente (2,3), absenteísmo (0,5), falha na solicitação de recursos (0,5), pré-requisito não cumprido (0,5), solicitação de inclusão de pacote de trabalho no plano diário ou semanal (2,3), falta de programação de equipamentos (0,5), falta por perda acima do previsto (0,5), solicitação de paralisação dos serviços (2,3), solicitação de modificação de serviço que já está sendo executado (0,5), atraso na entrega (0,5)
Cobertura	145	113	78	Baixa produtividade (38), atraso de tarefa antecedente (31), superestimação da produtividade (16), interferência por parte do cliente (6), modificação dos planos (3), falta de materiais do empreiteiro (3), condições adversas do tempo (3)
Primeira	101	77	76	Atraso na tarefa antecedente (50), condições adversas do tempo (8), falta de materiais do empreiteiro (8), interferência por parte do cliente (4,25), baixa produtividade (4,25), absenteísmo (4,25), superestimação da produtividade (4,25), manutenção (4,25), pré-requisito não foi cumprido (4,25), falta de programação de materiais (4,25), falta de programação da mão de obra (4,25)

continua

PPC do subempreiteiro acumulado (*continuação*)

Empreiteiro	Planejado	Exec. 100 %	PPC (%)	Principais problemas (%)
Imperm	8	6	75	Absenteísmo (50), falta de materiais do empreiteiro (50)
Nunes	4	3	75	Condições adversas do tempo (100)
Thermo	4	3	75	Falta de materiais do empreiteiro (100)
Sueca	4	3	75	Condições adversas do tempo (100)
Bola	4	3	75	Falta de materiais do empreiteiro (100)

5 Porquês

1.

2.

3.

4.

5.

Ações	Responsável	Até quando

Índice Alfabético

A

Ação(ões), 16
   necessárias para a melhoria dos sistemas de planejamento e controle da produção de empresas de construção, 63
ADM (*Arrow Diagram Method*), 81
Alguns tipos de dados que podem ser coletados durante a análise de sistemas, 37
Alternativas identificadas frente à avaliação do processo de planejamento, 70
Análise, 34
   avaliação qualitativa dos processos e, 170
   de documentos, 40
   de restrições, 165, 171
   de sistemas, 34
   do desempenho geral de sistemas de planejamento e controle da produção em empresas de construção, 180
   do(s) fluxo(s)
      de informações, 37
      físicos, 170
Atividades de conversão, 24
Aumentar o valor do produto por meio de uma consideração sistemática dos requisitos do cliente, 25
Aumento
   da flexibilidade na execução do produto, 27
   de transparência, 28
Ausência de integração vertical do planejamento, 59
Automação, 5
Auxiliar os funcionários no gerenciamento do tempo necessário à implementação da mudança, 116
Avaliação
   do processo de planejamento, 16
      e controle da produção, 78

B

Balanceamento da melhoria dos fluxos com a melhoria das conversões, 29
Benchmarking, 30
Buffer, 17, 21, 95

C

Caminho crítico, 83
Caracterização dos sistemas de planejamento e controle da produção de empresas de construção, 52
Coleta de informações, 13
Como mostrar atividades não repetitivas na linha de balanço, 107
Conceitos básicos relacionados à *lean construction*, 7
Conferindo maior visibilidade ao controle da obra, 136, 154
Consideração de pequenos itens críticos, 163
Considerar
   as reais necessidades do sistema produtivo, 64
   os problemas externos na proteção da produção, 118
Controle informal, 62
CPM (*critical path method* — método do caminho crítico), 13, 81
Critérios para análise da aplicação das práticas, 174
Curva(s) de produção
   balanceada, 93
   desbalanceadas, 94
Custos, 44

D

Dados, 44
Deficiências
   constatadas nos sistemas de planejamento e controle da produção de empresas de construção, 59
   do sistema, 35
Definição de modelo e sistema de planejamento, 5
Desconsideração da disponibilidade financeira na fixação das metas, 61

208 Índice Alfabético

Destino dos dados, 41
Diagrama
de fluxo de dados, 40, 41
ferramenta para modelagem do fluxo de
informações, 41
de Gantt, 71, 108, 162
DIC ou data de início mais cedo, 86
Dicionário de dados: especificação do
DFD, 43
Dificuldade para organizar o próprio tempo de
trabalho, 59
Difusão de informações, 15
Dimensão
horizontal, 10
vertical, 17
Diretrizes sobre o processo de
implementação, 112
DIT ou data de início mais tarde, 86
Divulgação do processo de mudança, 114
DTC ou data de término mais cedo, 86
DTT ou data de término mais tarde, 86

E

Elaboração do plano
de curto prazo, 57
de longo prazo, 53
Entrevista, 38
Envolver o mestre na preparação do plano de
curto prazo, 64
Equipe(s)
de produção, 92
polivalentes, 163
Especificação detalhada das tarefas, 172
Estabelecer
alternativas de participação e de
envolvimento, 116
padrões de segmentação da obra que
auxiliem na coerência entre os níveis de
planejamento, 63
um programa de treinamento, 114
uma equipe de desenvolvimento e
implementação, 112
Estabelecimento
de melhoria contínua ao processo, 29
de metas impossíveis de serem
atingidas, 61
Estrutura Analítica de Partição do
Projeto – EAP, 12
Estudos-piloto dos processos gerenciais e
produtivos (*first run studies*), 164

Exemplo
de aplicação da sistemática de avaliação de
sistemas de planejamento e controle da
produção, 176
de relatório de controle, 200

F

Falta
de envolvimento do mestre na preparação
dos planos de curto prazo, 61
de formalização e sistematização na
elaboração do plano de curto prazo, 60
Fase de reconstrução, 34
Fluxo(s)
de caixa, 163
de informações, 37
físicos, 8
Foco no controle de todo o processo, 29
Folga total, 86
Fonte, 41
Formalização do planejamento de curto
prazo, 172

H

Hierarquização do planejamento, 169

I

Implementar
um plano de médio prazo, 63
um sistema de indicadores para o controle do
planejamento e da produção, 65
uma técnica de preparação do plano de curto
prazo, 64
Índice de desvio de ritmo (DR), 196
Inexistência de um plano de médio prazo, 60

L

Last planner, 22
Lean construction, 4, 114
Linguagem MLT – *Motivation Language
Theory*, 46
Linha de balanço, 92
Lookahead planning, 19, 73, 128, 129

M

Mecanismo *pull*, 20
Melhorar a organização do tempo de trabalho, 63
Método(s)
de análise de sistemas, 35
do caminho crítico (CPM), 81, 109

Modelo de planejamento e controle da produção para empresas de construção, 67

N

NI – prática não implementada por meio dos elementos do modelo nem utilizada pela empresa, 175

NIU – prática não implementada por meio dos elementos do modelo, mas que é utilizada de forma integral pela empresa, 175

NIUP – prática não implementada por meio dos elementos do modelo, mas que é utilizada de forma parcial pela empresa, 175

O

Observação, 39
Onze princípios, 24
Operação(ões), 7, 44
Orçamento discriminado, 70

P

Padronização do PCP, 169
Papel do usuário no processo de implementação, 44
Participação e envolvimento do usuário no processo de desenvolvimento e implementação de sistemas, 46
Percentagem do Planejamento Concluído (PPC), 22
Percentual
  de atividades
    completadas na duração prevista – PDP, 199
    iniciadas no prazo – PAP, 199
    de entregas irregulares de material – PMAT, 197
    de solicitações irregulares de material – PSIM, 196
    do planejamento concluído – PPC, 198
Percepção do usuário sobre o processo de implementação, 48
PERT (*Program Evaluation and Review Technique*), 81
PERT/CPM, 90
Planejamento
  controle da produção, e, 9
  de curto prazo, 21, 76
  de longo prazo, 18, 71
  de médio prazo, 19, 73
  de transferências de recursos, 164
  estratégico do empreendimento, 69
  lookahead, 26

Plano
  consolidado, 162
  lookahead, 117
Pontos a serem observados por empresas similares, 140
PPC/S (Percentual do Planejamento Concluído do Subempreiteiro), 152
Práticas associadas ao processo de planejamento e controle da produção, 169
Preparação
  de uma linha de balanço, 96
  do processo de planejamento, 12
  dos planos, 13
  e controle da produção, 69
Principais causas de falhas na implementação de sistemas de informação, 44
Princípios da *lean construction*, 24
Processamento, 24
Processo de implementação do novo sistema, 131
Produção
  enxuta, 4
  protegida, 26
Programação
  de recursos, 22
  de tarefas reservas, 172
Programação de recursos realizada fora do período adequado ou em caráter emergencial, 62
Projeção
  de prazo da obra – PPO, 195
  de receitas, 70
Projeto(s), 44
  especificações e, 70
  de leiaute, 70

Q

Questionário, 39

R

Realização
  de ações corretivas a partir das causas dos problemas, 174
  de reuniões para a difusão de informações, 174
Redes CPM/PERT, 15
Redução
  da parcela de atividades que não agregam valor, 24
  da variabilidade, 25
  do tempo de ciclo, 26
Reformulação do sistema de programação de recursos, 65

210 Índice Alfabético

Requisitos de qualidade do plano
operacional, 165
Responsabilidade pelo desenvolvimento do
planejamento, 23
Risco
administrativo, 16
ambiental, 16
conceitual, 16

S

Seminário inicial, 113
Shielding production, 26
Simplificação pela minimização do número de
passos e partes, 27
Sistema
de suporte a decisões (DSS – *Decision Support
System*), 47
de trabalho, 38

T

Técnica(s)
COM, 15
de coleta de dados para a modelagem de
sistemas, 38
de diagramação, 40
de preparação dos planos, 162
de revisão e avaliação de programas –
PERT, 90
TFV, 24
Tomada de decisão participativa, 172
para o controle do sistema de produção, 175

U

Utilização
das práticas pela empresa, 178
de dispositivos visuais, 171
de sistemas de indicadores de
desempenho, 173
do PPC e identificação das causas dos
problemas, 173
Utilizar
o sistema de indicadores do PCP
para avaliação do processo de
implementação, 117
tecnologia da informação para minimizar o
tempo de preparação dos planos, 117
um plano de implementação do sistema de
PCP, 113

V

Verificar a disponibilidade financeira antes da
preparação dos planos, 64
Vínculo com a estratégia de produção, 161

W

WBS – *Work Breakdown Structure* (Estrutura de
Partição do Trabalho), 12, 63

Z

Zoneamento, 12